INSTRUCTIONS

POUR

LES VOYAGEURS

ET

LES EMPLOYÉS DANS LES COLONIES,

SUR LA MANIÈRE DE RECUEILLIR,

DE CONSERVER ET D'ENVOYER

LES OBJETS D'HISTOIRE NATURELLE,

Rédigées sur l'invitation de M. le Ministre de la Marine et des Colonies.

PAR L'ADMINISTRATION

DU MUSÉUM ROYAL D'HISTOIRE NATURELLE.

QUATRIÈME ÉDITION.

PARIS,

A. SIROU, IMPRIMEUR-LIBRAIRE,

Rue des Noyers, 37.

1845

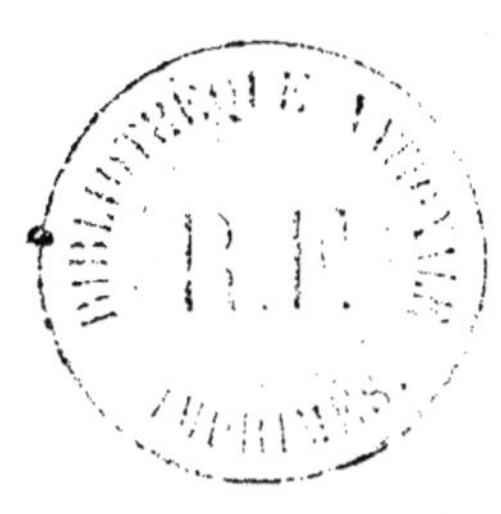

INSTRUCTIONS

POUR

LES VOYAGEURS ET LES EMPLOYÉS

DANS LES COLONIES.

PARIS. — IMP. D'A. SIROU, RUE DES NOYERS, 37.

INSTRUCTIONS

POUR

LES VOYAGEURS

ET

LES EMPLOYÉS DANS LES COLONIES,

SUR LA MANIÈRE DE RECUEILLIR,

DE CONSERVER ET D'ENVOYER

LES OBJETS D'HISTOIRE NATURELLE,

Rédigées sur l'invitation de M. le Ministre de la Marine et des Colonies,

PAR L'ADMINISTRATION

DU MUSÉUM ROYAL D'HISTOIRE NATURELLE.

QUATRIÈME ÉDITION.

PARIS,

A. SIROU, IMPRIMEUR-LIBRAIRE,

Rue des Noyers, 37.

1845

INSTRUCTIONS

POUR

LES VOYAGEURS ET LES EMPLOYÉS

DANS LES COLONIES.

M. le ministre de la marine et des colonies, qui a constamment favorisé les recherches des produits de la nature et le Muséum destiné à en conserver le dépôt, avait demandé aux professeurs-administrateurs de cet établissement des instructions propres à diriger les voyageurs et les employés des colonies auxquels il recommandait ou prescrivait ces recherches. C'est pour atteindre ce but que fut rédigée une instruction, qui a été revue et modifiée dans plusieurs éditions successives, dont la dernière, publiée en 1829, est depuis longtemps épuisée. Il était donc nécessaire de la réimprimer; mais les progrès de la science, l'accroissement de nos collections depuis quinze ans, et l'expérience acquise par tant de voyages exécutés sur presque tous les points du globe, faisaient sentir la nécessité d'une nouvelle rédaction; car beaucoup des lacunes autrefois indiquées avaient été comblées, et on en avait aperçu beaucoup de nouvelles; d'un autre côté, la pratique ayant démontré les avantages ou les inconvénients de tels ou tels procédés de récolte, de conservation, d'expédition, il fallait prescrire les uns et proscrire les autres. C'est l'état actuel de nos collections et de nos connaissances sur ce sujet que nous allons consigner ici. Mais comme cet écrit, quoique spécialement destiné à notre Muséum et à nos compatriotes, pourra être consulté par des naturalistes étrangers dans l'intérêt de nos collections, aussi bien que dans celui des leurs, nous appelons l'attention des collecteurs sur tous les points qui paraîtraient défectueux ou susceptibles de perfectionnement, et nous invitons MM. les voyageurs à nous faire connaître les résultats de leur propre expérience, afin d'en profiter et d'en faire profiter le monde savant.

Ce n'est pas seulement une instruction que nous faisons ici, c'est un appel à tous ceux qui s'intéressent à la science et au pays. Nous leur indiquons les moyens d'enrichir ce grand établissement national qui, ouvert à l'étude et à la curiosité publiques, ne peut se compléter qu'avec le concours d'un grand nombre de travailleurs. Il ne peut lui-même entretenir de voyageurs que sur un très-petit nombre de points, et même sur ceux-là reste-t-il encore beaucoup à faire, grâce à l'inépuisable fécondité de la nature. En songeant à l'avenir, nous n'oublions pas le passé, et nous devons adresser ici nos remercîments à tous ceux qui nous ont précédemment enrichi des fruits de leurs recherches, notamment à MM. les officiers de marine, dont plusieurs ont mis à profit, avec autant de zèle que d'intelligence, les occasions que leur carrière présente si fréquemment. Nous ne parlons pas seulement des grandes expéditions scientifiques et des collections faites par ordre du gouvernement, et destinées par lui au Muséum d'histoire naturelle, mais de celles qui, recueillies sans mission spéciale, dues purement au zèle du collecteur et lui appartenant en toute propriété, ont passé, grâce à son désintéressement, dans les galeries du Muséum. Nous ne pouvons rappeler ici les noms de tous ces donateurs; mais ils sont soigneusement recueillis dans nos archives et indiqués à la reconnaissance publique sur les étiquettes même annexées à chaque objet de leurs recherches.

Le caractère de généralité de ces instructions est la cause du vague qu'on peut reprocher à quelque partie, et de l'omission d'un grand nombre de détails. Aussi invitons-nous ceux de MM. les voyageurs qui devraient faire un séjour de quelque durée dans certains pays éloignés, ou bien qui consacreraient des recherches spéciales à certaines branches de l'histoire naturelle, de se mettre en rapport direct, dans le premier cas, avec l'administration du Muséum, dans le second, avec celui de MM. les professeurs qui est particulièrement chargé de ces branches, afin d'en obtenir des instructions spéciales aussi détaillées que possible.

Quant aux voyageurs qui ne peuvent donner que peu de moments à l'histoire naturelle, qui ne s'en sont pas occupés jusqu'alors, et qui néanmoins ont la bonne volonté de nous rendre profitable leur séjour sur quelque point peu exploré, nous pensons qu'au lieu de collecter au hasard un grand nombre d'objets, ils feront bien de se borner à un petit nombre de ceux qui sont signalés comme curieux, et indiqués dans la liste de nos *desiderata*. Ils pourront ainsi économiser le temps, en l'employant plus utilement, non-seulement en recueillant les objets que nous leur recommandons, mais encore en leur donnant les soins matériels qui en assureront la conservation.

Cette instruction se divise naturellement en trois chapitres, correspondant aux trois règnes de la nature : chaque partie en a été rédigée par ceux de MM. les professeurs que cette partie concerne.

L'instruction doit faire connaître :

1° La manière de recueillir et de préparer les objets d'histoire naturelle ;

2° Le choix et la forme des notes qui doivent accompagner ces objets ;

3° L'indication des objets qui sont plus spécialement désirés.

Il nous reste à faire précéder de quelques instructions générales les instructions plus spéciales qu'on trouvera dans le cours de cet écrit, sur l'emballage des objets et les soins à prendre pour éloigner toutes les causes de dommage pendant le trajet.

Aussitôt que les objets, préparés comme nous l'avons dit, auront été placés dans les caisses, il faudra fermer ces caisses le mieux qu'il sera possible, et les goudronner sur toute la surface, de manière que ni l'air ni l'humidité ne puissent y pénétrer. On les enveloppera ensuite d'une toile huilée, et on les placera dans le vaisseau, là où on croit qu'elles peuvent rester jusqu'à leur arrivée, et, autant qu'il sera possible, à l'abri de l'excessive chaleur, et hors de l'atteinte des animaux rongeurs.

Il est inutile d'avertir que les bocaux et flacons de verre doivent être mis dans des caisses bien garnies de filasse ou d'algue, et rangés de manière qu'ils ne courent aucun risque de se casser; on doit en outre éviter de renfermer dans ces caisses des objets qui seraient de nature à être altérés par le liquide des vaisseaux de verre, si ceux-ci venaient à être brisés.

Lorsqu'une expédition nous aura été faite, il est essentiel qu'on s'empresse de nous en donner directement avis, avec indication du nombre et du poids des caisses, des objets qu'elles renferment, du bâtiment sur lequel elles ont été embarquées, de l'époque du départ, du temps présumé qu'elles seront en route, et du port de mer où elles arriveront. Ces indications nous sont principalement nécessaires pour obtenir à temps, de l'administration des douanes, que les caisses soient plombées et ne subissent qu'à Paris la visite qui est prescrite par les règlements; elles nous serviraient à retrouver les caisses, dans le cas où les commissionnaires mettraient de la négligence à nous les faire parvenir.

Les caisses, boîtes ou paquets, ne doivent pas être adressés nominativement à un administrateur du Muséum, mais *à l'administration du Muséum d'histoire naturelle, au jardin du Roi, à Paris,* quelle que soit la nature des objets que l'on envoie.

Le gouvernement, sans autoriser constamment le transport des objets destinés au Muséum par les navires de la marine royale, l'a fait toutes les fois que cela était possible, et MM. les commandants acceptent le plus ordinairement cette charge, et veulent bien y faire donner à bord les soins convenables. Il sera donc bon que les voyageurs qui ont un de ces envois à faire s'adressent aux vaisseaux de l'État qui pourraient se trouver dans un port voisin, et que ce ne soit qu'à défaut de cette voie qu'ils aient recours aux navires de commerce. Il est clair que s'il s'agit d'animaux ou de végétaux vivants, il est nécessaire de calculer le temps du voyage, et de choisir la voie en même temps la plus courte et la plus sûre; qu'il faut également éviter les voies trop détournées et trop lentes, toutes les fois que les collections sont de nature à se détériorer par leur séjour prolongé à bord ou dans des magasins. Au reste, le bon sens du voyageur le dirigera dans le meilleur parti à prendre pour assurer la conservation des fruits de ses recherches.

CHAPITRE Ier.

MINÉRALOGIE ET GÉOLOGIE.

Les minéraux peuvent se rencontrer soit sous les formes régulières et géométriques, auquel cas on leur donne le nom de *cristaux*, soit en masses plus ou moins irrégulières.

Parmi les cristaux, il en est qui sont tellement situés qu'on peut, sans les endommager, les séparer de leur support ou de la matière qui les enveloppe. D'autres composent des groupes saillants au-dessus du support; d'autres enfin sont comme enchatonnés dans son intérieur.

On se procurera, autant qu'il sera possible, des échantillons relatifs à ces trois états; et à l'égard des cristaux engagés dans l'intérieur de la matière environnante, on détachera des parties de cette matière qui aient au moins 8 à 10 centimètres (trois à quatre pouces) dans tous les sens, de manière que l'on puisse y observer les divers minéraux qui accompagnent les cristaux.

On détachera également des portions des masses composées d'aiguilles, de fibres, ou granuleuses ou compactes, en ayant soin de les choisir dans un état de fraîcheur et exemptes des altérations qui ont lieu, surtout dans celles qui sont situées à la surface.

Les mines métalliques doivent appeler l'attention des voyageurs. Ils observeront si elles sont en couches parallèles à celles des roches environnantes, ou situées dans des fentes appelées *filons*, qui coupent ces couches. En détachant des échantillons de ces mines, on aura soin de laisser à l'entour du métal principal des portions soit des autres métaux qui lui sont associés, soit des substances pierreuses qui souvent l'accompagnent, surtout de celles qui sont cristallisées.

Il est à désirer, pour les progrès de la minéralogie historique et technologique, qu'on prenne des échantillons des roches qui sont employées le plus communément dans la construction des monuments publics, et dans celle des habitations, et que l'on se procure des échantillons bien authentiques de toutes les substances minérales d'usage dans les arts utiles et dans les arts d'ornement, telles que pierres à aiguiser, pierres à construire les fourneaux, pierres à polir, terres à poterie, et les poteries qu'on en fait; en ayant soin d'indiquer les sortes de terres et de pierres qui entrent dans la composition de chaque espèce de poterie, les minéraux employés comme matières colorantes, etc. Si ces minéraux sont indigènes, il faut savoir de quel canton ils viennent, et, dans les cas où ils seraient exotiques, de quel pays ils sont apportés.

Si l'on trouve des terrains qui renferment des restes d'êtres organisés, tels que des ossements d'animaux, des coquilles, des impressions de poissons ou de végétaux, on recueillera avec soin des échantillons de ces différents corps, en les laissant enveloppés d'une portion de la terre ou de la pierre dans laquelle ils étaient engagés.

Dans le cas où le terrain que l'on visitera offrirait des traces d'une origine volcanique, on prendra des morceaux relatifs aux diverses manières d'être des substances rejetées par les explosions, dont les unes sont à l'état pierreux, comme les basaltes, d'autres sont semblables au verre, comme les obsidiennes, d'autres à l'état de scories, etc. Pour celles qui sont en prismes, on aura soin de noter la forme de ces prismes, et l'étendue qu'ils occupent sur le terrain.

A chaque morceau doit être jointe une étiquette, qui indiquera le nom du pays où il aura été trouvé, celui de l'endroit particulier dont il aura été retiré, la distance de cet endroit et sa situation à l'égard de quelque ville connue dont il sera voisin, la nature et l'aspect général du sol, autant que cela se pourra, enfin son élévation au-dessus du niveau de la mer.

Partout où l'on trouvera des eaux thermales ou minérales, on aura soin d'en remplir un flacon, qui sera bien bouché et bien luté.

Depuis qu'on a abandonné les systèmes pour se borner à observer les faits et à comparer les observations; depuis qu'on a renoncé à deviner l'origine des choses pour bien connaître leur état actuel, la géologie a pris la marche des sciences exactes. Cette marche régulière et comparative a non-seulement étendu nos connaissances sur la constitution du globe, elle a même produit des résultats utiles pour les arts. Cependant, nous sommes encore bien loin de connaître les diverses contrées de la terre, comme nous connaissons l'Europe.

Il est facile à ceux qui visitent les contrées éloignées, surtout au delà des tropiques, de nous procurer des notions importantes, et de nous envoyer des productions dont l'examen peut seul nous éclairer et nous fournir des renseignements sur la nature du sol des divers pays, et, par suite, sur la disposition générale des roches qui constituent l'écorce du globe.

Sur toutes les côtes, dans toutes les îles où aborde un vaisseau, les voyageurs qui descendent à terre pourront, sans beaucoup de peine, nous procurer des objets qui, n'ayant aucun prix par eux-mêmes, deviendront instructifs et intéressants par les notes bien simples dont ils seront accompagnés.

On peut d'abord recueillir sur le bord des torrents des cailloux qui indiquent la nature des roches desquelles ils proviennent. On choisira les plus gros, on notera quel est leur volume, et l'on en cassera des fragments. On en prendra aussi quelques-uns des plus petits, en ayant soin de choisir ceux qui ont un aspect différent. Les cailloux sont d'autant plus petits qu'ils viennent de plus loin.

Partout où l'on verra une roche s'élever soit au milieu des eaux, soit dans l'intérieur des terres, on observera si cette roche est toute d'une même substance, soit homogène, soit composée, ou si elle est formée de diverses couches. Dans le premier cas, on en détachera un fragment ; dans le second cas, on observera la position relative des couches, leur inclinaison et leur épaisseur ; et l'on prendra un échantillon de chacune de ces couches, en mettant la même marque sur tous les morceaux qui proviennent d'une même montagne, et un numéro particulier sur chacun d'eux, pour indiquer l'ordre de leur superposition ou de leur situation réciproque. Si la personne qui voudra bien recueillir les échantillons peut y joindre un croquis au simple trait, qui indique la forme de la montagne, l'épaisseur et l'inclinaison des couches, ce sera rendre un service essentiel.

Dans le cas où la roche qu'on observe est un pic isolé, il est utile de l'examiner et de le dessiner sur deux faces, pour mieux s'assurer de l'inclinaison des couches.

Il ne sera pas inutile de recueillir du sable des rivières, surtout de celles qui charrient des paillettes métalliques ; mais il faut que ce sable soit pris aussi loin de l'embouchure que cela est possible.

On trouve dans quelques pays des masses isolées auxquelles le peuple attribue une origine singulière. Il faut en prendre des fragments. Peut-être s'en trouve-t-il qui sont des aérolithes, d'autres peuvent avoir été transportées là par les révolutions du globe.

En recueillant des fragments de roches, de mines, de produits volcaniques, de corps organisés fossiles, la chose la plus essentielle, c'est de bien noter leur gisement, c'est-à-dire la nature du sol où on les a trouvés, et leur position relativement aux substances qui les environnent.

Les couches de basalte méritent une attention particulière, soit en elles-mêmes, soit sous le rapport des terrains qui les supportent ou qui les recouvrent. On remarquera si elles sont divisées en masses irrégulières, en tables, en prismes, et quelle est leur disposition. On observera si elles renferment des débris de corps organisés, et l'on aura soin d'en recueillir des échantillons dans les divers états, ainsi que des matières sur lesquelles le basalte repose. On s'assurera surtout s'il n'y a pas interposition des matières scorifiées, ou de ces lits d'un aspect terreux auxquels les Allemands donnent le nom de wakke, et dont on a constaté l'origine volcanique.

Les roches nommées trachytes par M. Haüy méritent le même intérêt. Elles se distinguent surtout des porphyres primitifs, intermédiaires ou secondaires, par l'absence du quartz et la présence du pyroxène ou du fer titané.

Quels que soient, au reste, la nature et l'âge des terrains que l'on observera, ce qui importe le plus c'est de recueillir les échantillons des roches les plus communes et les plus abondantes, celles qui constituent principalement la masse du sol : l'étude des variétés des couches subordonnées et des matières accidentelles de toute espèce, doit passer après. En général, il faut considérer l'ensemble de la constitution d'une localité, si l'on veut procéder avec utilité au choix des échantillons destinés à la représenter ; ce choix deviendra facile, si l'on s'impose la règle de ne pas quitter un escarpement, une montagne, une contrée même, sans en avoir fait la coupe, soit réelle, soit figurative. Nous ajouterons que ces coupes doivent être l'objet principal des travaux du géologue voyageur.

Il ne faut point s'embarrasser de morceaux d'un volume considérable. Des échantillons de dix et huit centimètres sur trois ou quatre d'épaisseur sont suffisants. Il ne faudrait prendre de plus grandes masses qu'autant qu'elles renfermeraient des débris organiques fossiles, tels que des squelettes d'animaux.

Pour emballer les échantillons, on les couvrira d'abord immédiatement d'un papier fin ; au-dessus de ce papier, on mettra celui sur lequel est écrite l'étiquette ou la note du gisement, puis un second papier fin, que l'on entourera de filasse, et l'on enveloppera le tout d'un papier gris. On arrangera ensuite tous ces échantillons dans une caisse, en les plaçant de champ et par lits successifs, en les serrant fortement les uns contre les autres, et en garnissant les interstices avec du papier haché ou de la filasse, de manière que leur ensemble forme une seule masse dans laquelle rien ne puisse se déranger. On ne laissera absolument aucun vide entre la dernière couche et le couvercle. La caisse sera goudronnée, pour la garantir de l'humidité.

Le mérite des collections géologiques tenant principalement à la connaissance des circonstances locales dans lesquelles chaque échantillon a été pris, il est indispensable de joindre aux collections des catalogues raisonnés. On reprendra, dans ces catalogues, les numéros des échantillons et les indications sommaires inscrites sur les étiquettes; on y insérera tous les détails qui paraîtront propres à donner une idée complète des terrains qui auront été observés, et on y tracera, soit en marge, soit dans le corps du discours, les croquis et les coupes qui auront été recueillis sur les lieux. Il sera utile que ces catalogues soient dressés en double. Une expédition, serrée entre deux petites planches qu'on ficellera, pourra être mise à la partie supérieure d'une des caisses; l'autre expédition devra être adressée directement à l'administration du Muséum.

CHAPITRE II.

BOTANIQUE.

Les richesses du Muséum, relativement à la botanique, se composent, 1° des végétaux vivants cultivés dans le jardin; 2° de la collection des plantes sèches ou herbiers, des diverses parties de végétaux à l'état sec ou dans l'alcool, tels que bois, fruits, etc., et de tous les produits du règne végétal qu'il est possible de conserver pour les faire connaître; 3° de la collection des végétaux fossiles.

§ 1. *Végétaux vivants.*

La réunion et la culture au Jardin du Roi, d'un grand nombre de végétaux étrangers, ne doit point être considérée comme un objet de luxe ou de curiosité. Elle est utile aux progrès de la science. Les voyageurs n'ont ni le temps ni la facilité de décrire et de dessiner les plantes remarquables sur les lieux où ils les recueillent. C'est seulement lorsqu'elles sont cultivées dans nos jardins qu'on peut les étudier dans tous les périodes de leur végétation, les dessiner quand elles sont en fleur, et s'occuper des moyens de les multiplier, si leur culture peut présenter quelques avantages. Il ne faut point oublier que plusieurs plantes étrangères, qui sont aujourd'hui très-répandues, ont d'abord été cultivées au Jardin du Roi. Tout le monde sait que les cafés qui peuplent les îles de l'Amérique proviennent d'un pied de café élevé dans nos serres; plus récemment, c'est encore de nos serres que l'arbre à pain a été envoyé à Cayenne; enfin, dans ces derniers temps, les jardins de naturalisation établis en Algérie ont reçu du Muséum de Paris beaucoup de végétaux utiles qu'on espère pouvoir y propager. Ajoutez à cela que c'est au Jardin du Roi qu'on a d'abord cultivé et propagé, de graines ou de boutures, une multitude de plantes d'ornement, qui sont devenues un objet de commerce considérable, ainsi que plusieurs arbres utiles qui font aujourd'hui l'ornement des parcs, et dont quelques-uns commencent à s'introduire dans les forêts. Le Jardin du Roi est un lieu de dépôt où l'on cultive toutes les plantes pour l'étude, mais où l'on donne des soins particuliers à celles qui peuvent présenter un objet d'utilité ou d'agrément. Lorsque ces dernières fructifient, on en recueille les graines pour les distribuer gratuitement à toutes les personnes qu'on croit capables de les multiplier et de les propager. On donne aussi des boutures des arbres qui n'ont pas encore fructifié.

Il y a donc utilité pour la science et pour les progrès de l'agriculture et de l'horticulture, à faire arriver dans un jardin central, comme celui de Paris, le plus grand nombre possible de végétaux vivants.

On peut y parvenir, ou par l'envoi des plantes vivantes toutes développées, ou par celui de leurs graines. — L'un et l'autre de ces moyens exigent des précautions particulières et variables, suivant la nature des plantes et la longueur du voyage qu'elles ont à supporter.

Sous ce dernier point de vue, nous ne nous occuperons ici que des envois à faire de pays hors d'Europe, qui doivent supporter un voyage d'un mois à quatre à cinq mois, parce que les envois qui doivent rester en route au plus quinze à vingt jours n'exigent que les procédés d'emballage employés dans toutes les pépinières et établissements d'horticulture d'Europe.

Quant au transport des plantes vivantes, on doit distinguer celui des plantes ligneuses, jeunes arbres, arbustes et plantes herbacées, qui ne sont ni des plantes grasses, ni des tubercules ou oignons, de celui de ces derniers végétaux.

Le transport des oignons, bulbes et tubercules souterrains, tels que ceux des liliacées, des iridées, des *Dioscorea*, des orchidés terrestres, des aroïdées, des *Gesneria*, de beaucoup *d'Oxalis*, de *Tropæolum*, etc., s'opère très-bien en emballant ces parties avec soin dans de la mousse bien sèche, ou mieux encore dans de la terre ou du sable très-sec, qui remplisse parfaitement la caisse qui les renferme; les orchidées dites parasites ou épiphytes, à bulbes extérieurs verts, peuvent s'envoyer dans des caisses de bois, percées de petits trous, maintenues bien au sec; il faut supprimer toutes les vieilles feuilles, qui, en se décomposant, donneraient de l'humidité, et entourer les racines avec de la mousse sèche ou de vieux morceaux de toile. Pour les plantes grasses, telles que les Cactus, les mêmes moyens conviennent; on emploie aussi, pour les emballer, du crin ou de la laine, ou tout autre corps flexible, bien sec, et qui ne soit pas susceptible de s'altérer facilement par l'humidité. Enfin, il faut, si ces plantes grasses sont volumineuses, les isoler des autres végétaux, afin que, si elles s'altéraient, l'humidité résultant de leur pourriture ne puisse pas atteindre les autres objets qu'on aurait emballés dans les mêmes caisses.

Il faut aussi qu'elles soient enveloppées et emballées avec assez de soin pour que leur tissu, moins solide et plus aqueux que celui des tubercules et des oignons, ne soit pas blessé ou écrasé par leur poids, souvent fort considérable.

Pour transporter, pendant un voyage de quelques mois, des plantes vivantes qui ne sont ni grasses ni tuberculeuses, il est indispensable de les planter dans des caisses vitrées ou serres de voyage, d'une construction particulière, inventées et employées d'abord en Angleterre par M. N. Ward, et désignées souvent, par cette raison, sous le nom de *caisses à la Ward*.

Ces caisses peuvent varier de forme et de dimension, mais pour que le transport en soit facile et qu'elles n'embarrassent pas le pont des navires, sur lequel elles doivent toujours rester, elles ne doivent pas dépasser les dimensions suivantes. La figure ci-jointe indique leur forme générale et la disposition des plantes qui y sont renfermées.

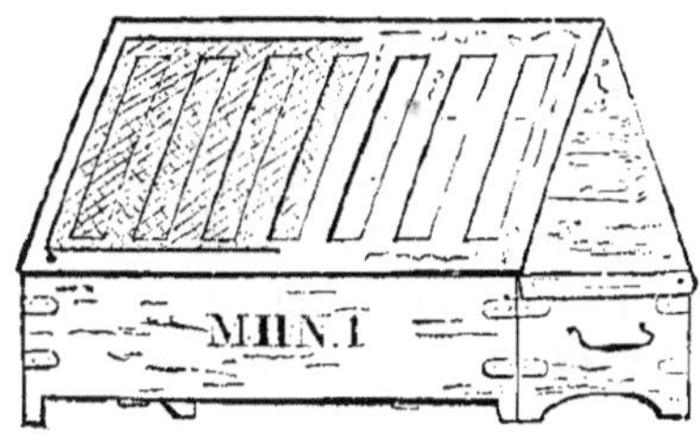

Ces caisses ont de 9 à 11 décimètres de long,
5 de large,
7 à 10 de hauteur.

Leur fond ne doit pas poser sur le plancher, mais être élevé de quelques centimètres, par les pieds que forment les quatre angles, de manière que l'eau de mer qui glisse sur le pont ne puisse pas pénétrer par le fond.

Les deux petits côtés de cette caisse oblongue, taillés supérieurement en pignon aigu, supportent deux châssis vitrés, formant un toit à deux pentes.

Les côtés et le fond doivent être construits en bois de chêne, ou en autre bois très-solide, de 25 à 30 millimètres d'épaisseur, bien sec et bien assemblé à rainure, de manière à ne présenter aucune fissure.

Les châssis vitrés sont divisés par des traverses de 4 à 5 centimètres de large, qui s'étendent du bord supérieur au bord inférieur, et qui sont éloignés de 7 à 8 centimètres. Ces traverses à rainures reçoivent les verres, qui doivent être épais et solides, fixés à recouvrement, comme les tuiles d'un toit, et bien mastiqués. L'un des châssis est fixé d'une manière permanente sur un des côtés de la caisse; l'autre est fixé sur les autres côtés de la caisse, et supérieurement sur le châssis opposé, au moyen de vis qu'on doit avoir l'attention de bien graisser, en les mettant, pour qu'elles ne se rouillent pas dans le bois, et qu'elles soient faciles à retirer. Ces caisses doivent être parfaitement mastiquées sur tous les joints, et bien peintes à l'huile extérieurement.

Deux fortes poignées en fer sont solidement fixées aux deux bouts de la caisse pour la rendre facile à transporter et pour pouvoir l'amarrer sur le pont du navire; enfin, un grillage solide et à petites mailles en fil de fer, soutenu, à quelque distance du vitrage, par plusieurs tringles de fer, devra mettre ce vitrage à l'abri des accidents résultant des chocs assez violents qu'il peut recevoir.

Pour placer les plantes qui doivent être transportées dans ces caisses, on met d'abord au fond de la caisse une couche de 4 à 5 centimètres de terre forte et argileuse, assez humectée pour pouvoir la bien appliquer sur le fond de bois; puis on remplit le fond de la caisse d'une couche de bonne terre, ni trop forte, ni trop légère, mêlée, s'il est possible, de terreau végétal, de 15 à 20 centimètres environ : c'est dans cette terre qu'on plante avec soin les plantes à transporter, soit directement, soit dans des pots, soit mieux dans des paniers de jonc ou d'osier, qui les isolent sans être exposés à se briser.

Pour éviter que les plantes ne soient dérangées par les secousses inévitables dans un long voyage, soit sur mer, soit surtout par terre, depuis le port jusqu'à Paris, on recouvre la terre d'un lit de paille ou de jonc, qu'on assujettit au moyen de traverses en bois, clouées aux parois de la caisse.

Le nombre des plantes contenues dans une caisse de la grandeur indiquée ci-dessus, varie de quinze à vingt-cinq ou trente, suivant leur dimension. On peut, en outre, semer entre ces plantes des graines de beaucoup de végétaux, et particulièrement celles qui conserveraient difficilement leurs facultés germinatives, telles que celles des Palmiers, des Lauriers, des Chênes, de plusieurs Conifères, des Rosacées, etc.

Il faut que les plantes qu'on met ainsi dans ces caisses soient bien enracinées, qu'elles aient été, s'il est possible, cultivées quelque temps en pot, et ne viennent pas d'être arrachées récemment dans la campagne. Dans ce dernier cas, il faudrait pouvoir, après les avoir plantées avec soin, les laisser reprendre avant de clore la caisse définitivement.

Il faut, au moment de fermer la caisse, en remettant le panneau vitré mobile, que la terre soit bien arrosée, mais sans humidité surabondante.

On doit alors la fermer hermétiquement, en mastiquant bien tous les joints, et ne plus l'ouvrir pendant tout le voyage. Les seules précautions à prendre pendant ce voyage consistent à maintenir toujours la caisse sur le pont exposée au grand jour, et à remplacer immédiatement les verres qui pourraient se casser; s'il se faisait quelques fentes dans le bois, il faudrait les mastiquer aussitôt.

On ne devrait retirer la caisse de dessus le pont que dans le cas où, cette caisse renfermant des végétaux des pays chauds, on traverserait des régions où elles seraient exposées à des gelées rigoureuses. Pour les gelées légères qui n'ont lieu que pendant la nuit, une toile jetée sur les caisses suffirait en général, et l'essentiel est de priver le moins possible les plantes contenues dans les caisses, de l'action de la lumière.

Les plantes ainsi renfermées continuent de végéter et fleurissent même quelquefois dans ces caisses, et lorsque les précautions indiquées ont été suivies avec exactitude, c'est à peine s'il en meurt une ou deux sur dix; souvent même toutes arrivent en bon état.

On ne saurait trop recommander de choisir pour les envois une époque telle qu'ils arrivent sur les côtes de France entre le 1er avril et le 1er octobre, sans quoi les gelées peuvent détruire, au moment de son arrivée, un envoi précieux et jusqu'alors parfaitement conservé; il y a même un grand avantage lorsqu'un envoi arrive au Muséum vers les mois de mai ou de juin.

Ces procédés de conservation et de transport des plantes vivantes entières ne doivent pas faire négliger l'envoi des graines qui constituent toujours le moyen le plus simple de multiplier les plantes exotiques.

Un grand nombre de graines se conservent sans altération pendant une année, et même plus, et germent facilement au bout de ce temps, si on les a recueillies parfaitement mûres, et qu'on les ait maintenues bien au sec. Le mauvais état des graines recueillies par la plupart des voyageurs tient en général à ce qu'elles n'ont pas été recueillies bien mûres, ou qu'elles ont été renfermées n'étant pas parfaitement sèches. — Les graines ne sont bien mûres que lorsqu'elles se détachent naturellement de la plante qui les produit, ou lorsque les fruits qui les renferment s'ouvrent d'eux-mêmes. — Mais les graines même en apparence sèches et sans pulpe, contiennent encore souvent dans ce moment une certaine quantité d'eau qui suffit pour qu'elles moisissent si elles sont renfermées dans cet état. Il faut les laisser sécher pendant quelques jours au soleil ou dans un lieu sec et bien aéré, soit à l'air libre, soit en les mettant dans des sacs de toile claire ou de papier gris, perméables à l'humidité. Ces précautions doivent être prises, à plus forte raison, pour les fruits charnus et pulpeux, comme les baies. Il faut les écraser et les faire sécher au soleil ou dans du papier gris, comme les plantes qu'on prépare pour herbier. Les graines, ainsi enveloppées dans la pulpe desséchée du fruit qui les renfermait, se conservent généralement en très-bon état; c'est ce qu'on peut remarquer pour les fruits des Cactus, des Solanum, des Bromeliacées, etc. Ce n'est que lorsque ces graines sont parfaitement sèches qu'il faut les placer dans des sacs de papier collé, et les maintenir alors soigneusement à l'abri de l'humidité, en les renfermant dans des vases bien clos, en fer-blanc, en verre ou en poterie, ou dans des toiles goudronnées, contenus eux-mêmes dans des caisses bien closes. Si, au contraire, on les renferme ainsi avant de les avoir fait sécher parfaitement, elles arrivent moisies et altérées.

Suivant M. Falconner, directeur du jardin de Serampore dans l'Inde, qui a fait souvent voyager des graines de l'Europe dans l'Inde et réciproquement, le meilleur procédé pour les conserver, pendant une longue traversée, consiste, après les avoir fait sécher aussi complétement que possible, à les envelopepr dans un papier épais non collé, et à renfermer le tout dans des sacs de grosse toile qu'on suspend dans un endroit sec et bien aéré, tel que les cabines des officiers. Lorsqu'on peut remplir cette condition, ce procédé, bien simple, paraît le meilleur. On doit rejeter le mélange de poussier de charbon ou de sucre brut indiqué par quelques auteurs.

Avec ces précautions, au contraire, la plupart des graines peu volumineuses, et même celles plus grosses, qui sont essentiellement farineuses, arriveront généralement en bon état.

Mais il est cependant des graines, particulièrement celles qui contiennent des matières huileuses susceptibles de s'altérer facilement et qui sont destinées à germer très-peu de temps après leur maturité, qui ne peuvent être transportées qu'en les mettant en état de commencer à germer pendant le voyage. Tels sont, parmi les graines de notre climat, les glands des chênes, les fruits du châtaignier et des hêtres, les noix, les amandes, et parmi les graines étrangères les espèces exotiques des mêmes genres, les graines des Lauriers, de beaucoup de Palmiers, de plusieurs Conifères, tels que les Araucarias, les graines de Thé, de Café, des Goyaviers et autres Myrtinées.

Le meilleur moyen d'envoyer ces graines consiste à les semer dans des caisses vitrées ou serres de voyage décrites plus

2

haut, soit entre les autres plantes, soit seules dans des caisses spéciales qui pourraient être moins élevées ; mais si on n'a pas de ces caisses vitrées à sa disposition, on peut aussi en remplir complétement des caisses ordinaires ou des tonneaux, en les stratifiant, c'est-à-dire, en les disposant par lits alternants avec des couches de terre. Ces graines doivent être mises dans de la terre légère, un peu humide, ou dans de la poussière de bois pourri. On met pour cela 5 à 6 centimètres de terre au fond d'une boîte, et on arrange sur cette terre les graines à une distance qui doit être à peu près égale à la grosseur de la graine. On les recouvre d'une couche de terre de 3 centimètres, sur laquelle on met une nouvelle rangée de graines, et ainsi de suite jusqu'à 3 ou 4 décimètres de hauteur. On a soin que la caisse (ou le tonneau) soit bien pleine, pour que les graines ne puissent pas se déranger.

Il faut que cette caisse soit tenue dans un endroit sec et frais, et surtout à l'abri de l'eau de mer, dont le contact fait presque toujours périr les plantes et les graines elles-mêmes.

Les plantes vivantes contenues soit dans des caisses vitrées, soit dans des caisses ordinaires, pour celles qui peuvent supporter ce mode de transport, doivent être accompagnées chacune d'un numéro marqué sur des feuilles de plomb, avec un poinçon, ou sur des petites plaques de bois ou de bambou, entaillées de manière à former des chiffres romains. Ces numéros se rapporteront à un catalogue sur lequel on indiquera pour chaque plante : 1° le pays d'où elle provient; 2° la nature des localités où elle croît, telles que bois, rochers, prairies, marais, etc.; 3° la hauteur approximative de ce lieu, si elle provient d'un pays de montagnes, de manière à distinguer les plantes des zones chaudes, tempérées ou froides; 4° le nom vulgaire que porte la plante, soit parmi les Européens établis dans le pays, soit parmi les indigènes; 5° les usages auxquels elle est employée, ses caractères les plus apparents, et la couleur de ses fleurs.

Ces mêmes renseignements devront être indiqués sur un catalogue des graines qu'on enverrait stratifiées ou semées dans ces mêmes caisses vitrées; pour les graines conservées à sec dans des sacs, il est préférable de les inscrire sur les sacs mêmes.

Il est impossible de signaler toutes les plantes dont l'introduction au Jardin des Plantes de Paris aurait de l'importance; ces indications doivent être données avec détail pour chaque pays; elles varient chaque année par suite des acquisitions nouvelles ou des pertes éprouvées, et l'administration s'empressera de les donner aux voyageurs ou aux habitants des pays éloignés qui voudraient chercher à combler ces lacunes.

Cependant nous signalerons ici les familles et quelques genres remarquables dont l'absence absolue jusqu'à ce jour dans notre collection de plantes vivantes, est le plus à regretter.

Ce sont :

1° Pour celles qui croissent également dans les régions tropicales de l'ancien et du nouveau continent :

Les Rhizophorées (Mangliers et Palétuviers), les Chailletiées, les Connaracées, les Burmaniacées, les Xyridées, les Eriocaulons, les Podostemées, les Loranthus parasites sur les branches des arbres [1], les Lardizabalées, les Pistias.

Parmi les Fougères, les Gleichenia, Trichomanes, Hymenophyllum, Schizea, Danaea, Angiopteris, Salvinia et Azolla.

2° Dans l'Asie tropicale :

Les Diptérocarpées, les Aquilarinées (bois d'aloès ou bois d'aigle), les Apostasiées, les Gnetum (Gnemon des Moluques), le Nipa, sorte de Palmier.

3° A Madagascar :

Les Chlenacées, les Burasaia, les Hydrostachys.

4° Dans l'Afrique équatoriale, le *Napoleona* de la côte de Guinée, type d'une famille spéciale.

5° Au cap de Bonne-Espérance, les Penéacées (fournissant la sarcocolle) et les Stilbinées.

[1] On pourrait probablement rapporter ces plantes curieuses en en semant sur de jeunes arbres en pot; plusieurs croissent au Brésil et en Chili sur les orangers, les oliviers, des Cactées, etc.

6° A la Nouvelle-Hollande et à la Nouvelle-Zélande, les Stackousiées, le Kingia, les diverses espèces de Xantherrhea, le Flindersia, les Tetratheca, les Conifères telles que les Athrotaxis de la terre de Diémen, les Palmiers et les Fougères arborescentes des parties froides de l'Australie.

7° Dans l'Amérique équatoriale :

Les Vochysiées, les Rhizobolées (*caryocar, pekea* ou *saouari*), les Margraviacées et les Humiriacées de la Guyane et du Brésil, les *Phytelephas (cabeza di negro)*, les quinquina du Pérou et de la Colombie, et même du Brésil. Le *Cephalis* qui donne l'ipécacuanha, les *Simaruba*, les *Krameria* produisant le ratanhia, les *Oxalis* à feuilles sensibles. Les belles Salicariées (*Lafoensia* et *Physocalymnia.*)—Les *Talauma* ou *magnolia* de l'Amérique équatoriale. Enfin les *Victoria*, superbe Nymphéacée qui couvre de ses feuilles immenses et de ses belles fleurs roses les eaux douces de la Guyane, du Pérou et du Paraguay.

Au Chili, les Malesherbiées, les *Drymis*, les Lardizabalées, les Protéacées spéciales à ce pays. Les *Lapageria* et *Eucryphia*, remarquables par leurs belles fleurs. Les Mutisiées et Nassauviées, de la famille des Composées.

Les composées ligneuses de l'île Juan Fernandez *Rea* et *Robinsonia*.

Les Hêtres (*Fagus*) propres, au Chili austral et aux terres Magellaniques ; les Conifères connues sous le nom de *Pino* à Valdivia et Chiloe.

§ 2. VÉGÉTAUX OU PARTIES DE VÉGÉTAUX A L'ÉTAT SEC OU DANS L'ALCOOL.

Ces collections remontent, pour quelques parties, à Tournefort et à Vaillant, et elles s'étaient accrues rapidement par les soins de M. Desfontaines, et grâce au zèle des nombreux voyageurs français qui ont parcouru le globe depuis quarante ans. L'extension qu'ont reçue les galeries de botanique dans ces dernières années, permettra de donner encore plus de développement à ces collections, qui, dans leur ensemble, ne sont surpassées par aucune de celles de l'Europe, et qui pourraient en peu d'années présenter le tableau le plus complet de la végétation des diverses parties du globe, si les personnes qui parcourent ou habitent les pays étrangers voulaient s'appliquer à y recueillir, pour nous les adresser, les plantes qui y croissent conformément aux indications suivantes.

Ces collections comprennent:

1° Les herbiers ou plantes desséchées dans des feuilles de papier.

2° Les fruits et graines conservés, soit à l'état sec, soit dans une liqueur.

3° Les fleurs charnues également conservées dans de la liqueur.

4° Les portions de tiges ou de racines et les échantillons de bois.

5° Les divers produits du règne végétal, tels que filasse, fécule, gommes, résines, matières colorantes, substances employées en médecine ou dans l'industrie.

6° Des échantillons relatifs à l'anatomie et à la physiologie végétale.

Les soins nécessaires pour les enrichir présentent en général moins de difficultés que ceux qu'exige l'augmentation des collections de zoologie.

Herbiers et collections de fleurs et de fruits.

Les plantes destinées pour les herbiers doivent être, autant qu'il est possible, cueillies, quelques échantillons en boutons et en fleurs, et quelques autres en fruits. Lorsque la plante est petite, et en général lorsqu'elle est d'une taille à pouvoir tenir dans une feuille de papier en la repliant, on la prend entière et même avec la racine; lorsqu'elle est plus grande, on en coupe des rameaux de 40 à 50 centimètres (15 à 18 pouces). Pour les grandes plantes herbacées dont les feuilles varient souvent à diverses hauteurs sur la tige, on doit conserver la base de la tige avec les feuilles qu'elle supporte, et des rameaux avec les fleurs et les feuilles. On place alternativement un lit ou matelas composé de plusieurs feuilles de papier gris ou de tout autre papier non collé et absorbant, puis un échantillon de plante, ou plusieurs s'ils sont très-petits et peuvent s'étaler sur le papier sans se toucher, puis un nouveau lit de papier, puis un nouvel échantillon, et ainsi de suite. Lorsque le paquet a une certaine épaisseur (2 à 3 décimètres au plus), on le serre entre deux planches ou entre deux forts cartons au moyen de cordes de courroie ou de sangles terminées par une boucle. La pression doit être modérée, de manière qu'elle empêche les plantes de se crisper, mais qu'elle n'aille pas jusqu'à leur faire perdre leur forme ou à écraser leurs tissus à force de les aplatir. Les paquets, pendant qu'ils sèchent, doivent être placés sur un point d'appui sec, ou mieux encore suspendus, de telle sorte que les planches soient verticales et non horizontales et à plat, ce qui serait moins favorable à l'évaporation. Il est bon de changer plusieurs fois les lits de papier; les premières fois, peu de temps après qu'on a commencé la dessiccation. A chaque fois on enlève les plantes déjà séchées.

On peut faciliter beaucoup la dessiccation des plantes, en les divisant par petits paquets de 8 à 10 plantes seulement, avec très-peu de papier gris interposé et en les pressant entre deux châssis garnis d'un grillage de fil-de-fer et serrés par des cordes; un matelas de quatre à cinq feuilles de papier doit être mis de chaque côté, immédiatement sous le grillage, pour rendre la pression plus uniforme et empêcher les plantes de se crisper; ces paquets peu volumineux étant exposés au soleil ou dans un courant d'air, les plantes sèchent très-rapidement, et souvent on peut ne pas changer le papier qui les renferme; mais à moins d'avoir un grand nombre de ces châssis grillagés, on ne peut dessécher ainsi qu'un petit nombre de plantes, et ce procédé serait surtout avantageux pour les personnes qui ne s'occupent que d'une manière accessoire de former un herbier.

On peut cependant le rendre très-avantageux pour les botanistes qui veulent dessécher un grand nombre de plantes sans employer beaucoup de papier, en plaçant les paquets de quinze à vingt plantes, disposés comme nous venons de l'indiquer, dans une étuve à courant d'air chaud, sorte d'armoire où l'air est chauffé à 50° centigrades par une lampe placée à la partie inférieure, et séparée des paquets de plantes par une cloison transversale de tole percée de trous.

Les échantillons sont secs au bout de douze à vingt-quatre heures et parfaitement préparés. Ce procédé, employé en premier et avec beaucoup de succès à Paris par M. Doyere, pourrait surtout offrir beaucoup d'avantages dans les climats chauds et humides, ou pour les plantes d'une dessiccation difficile; il serait très-facile à installer à bord des navires dans les voyages scientifiques.

Des châssis et des claies en bambou, qu'on trouve facilement dans presque tous les pays intertropicaux, remplacent avantageusement les châssis et les grillages en fer.

Il est encore un autre moyen qui, il est vrai, conserve moins d'élégance et d'éclat aux échantillons desséchés, mais qui est plus expéditif et emploie une bien moins grande quantité de papier : il demande seulement qu'on ait de temps en temps à sa disposition une chambre vaste et sèche. On met les échantillons dans une simple feuille de papier, et on les presse ainsi; puis, pendant la nuit, on étale toutes ces feuilles l'une à côté de l'autre sur le sol, puis, dès que le papier est sec, on les remet en presse. On a ainsi des alternatives de pression et d'évaporation. Ce procédé est moins bon cependant que les précédents, et ne doit être employé qu'à défaut d'une quantité suffisante de papier. C'est là tout l'art de faire des herbiers, et tout voyageur intelligent saura varier ses moyens de dessiccation, suivant le lieu et le temps.

Dans les pays et dans les saisons humides, il convient d'accélérer autant que possible la dessiccation. On y parvient en changeant souvent le papier qui sert à la dessiccation, et surtout en n'employant que du papier parfaitement sec; on peut, dans ce but, faire sécher le papier en le plaçant par petits paquets dans un four encore chaud, dont on vient de retirer le pain.

Il est des plantes très-aqueuses, telles que les plantes bulbeuses, les Orchis, etc., qui continuent de végéter dans les herbiers plusieurs mois après qu'on les y a placées. Lorsque ces plantes seront recueillies dans l'état où on veut les conserver, il est à propos de les plonger pendant une minute dans l'eau bouillante, ou encore mieux dans de l'alcool pendant une couple d'heures; on retire ensuite la plante, on l'essuie entre deux feuilles de papier gris, et on la fait sécher avec facilité, parce que l'action de l'eau bouillante ou de l'alcool a détruit la vie de la plante.

Malgré ces précautions, il y a des plantes dont les feuilles ou les fleurs se désarticulent avec une grande facilité pendant la dessiccation; il faut, dans ce cas, envoyer toutes les parties séparées.

Il est quelques familles de plantes dont les collections exigent des moyens de conservation particuliers.

Les Palmiers, à cause de la grandeur de leurs diverses parties, ne peuvent pas, dans beaucoup de cas, être conservés dans les herbiers ordinaires. Il serait cependant très-important de compléter l'histoire de cette famille remarquable. Il faudrait pour cela en conserver: 1° des feuilles desséchées dans du papier déployé lorsqu'elles ne sont pas très-grandes, repliées comme un éventail, séchées à l'air et entourées de papier gris bien ficelé pour les grandes feuilles. 2° Des grappes de fleurs ou régimes avec la spathe ou enveloppe commune qui les renferme, en ayant attention de conserver également celles de fleurs mâles et celles de fleurs femelles lorsqu'elles sont séparées; il faut les sécher rapidement à l'air libre et les envelopper dans du papier ou de la toile, en conservant toutes les fleurs qui se seraient détachées. Lorsque ces régimes ne sont pas très-grands, il serait utile de les conserver dans de l'alcool faible.

et, dans tous les cas, on devrait employer ce moyen pour quelques rameaux de ces régimes qu'on mettrait dans un même bocal avec des fruits mûrs de la même plante. 3° Des grappes de fruits mûrs séchés à l'air et quelques fruits dans l'alcool.

Les grandes plantes marines connues sous les noms vulgaires de varechs ou de goëmons, devront être simplement séchées en les suspendant à l'ombre, à l'air libre, sans les comprimer dans du papier ; on les met ensuite dans des sacs de papier portant l'indication du lieu où elles ont été recueillies et de la couleur qu'elles offraient à l'état frais. Leur préparation, exigeant souvent beaucoup de soin, se fera mieux à Paris qu'en voyage, à moins que le voyageur n'en ait déjà l'expérience. Quelques échantillons conservés dans l'alcool seraient utiles pour les recherches anatomiques.

Pour les petites algues, il faut, avant de les faire sécher également à l'air libre, en exprimer toute l'eau de mer, interposées en les comprimant légèrement, et la faisant absorber par du papier gris.

La plupart des autres plantes cryptogames, telles que les Fougères, Mousses, Lichens, Champignons coriaces et minces, peuvent se préparer en herbier comme les autres végétaux. Quant aux Champignons charnus, le seul moyen réellement convenable pour les conserver, c'est l'alcool, en les enveloppant et les isolant avec de la filasse ou du coton : mais il faut noter leurs couleurs ou en faire un croquis, car ils ne conservent ainsi que leur forme et leur structure. On doit recommander, pour ces plantes, de choisir des individus jeunes plutôt que ceux qui sont trop développés.

De quelque manière que les collections dont nous venons de parler aient été faites, on attachera sur un échantillon de chacune des espèces qu'on aura recueillies une note indiquant :

1° La localité exacte où la plante a été recueillie, et si cette localité est peu connue, sa position par rapport à un lieu généralement connu ;

2° L'époque de la récolte des échantillons soit en fleurs, soit en fruits ;

3° Le nom que la plante porte dans le pays, qu'on aura eu soin de faire répéter et bien articuler plusieurs fois, et auquel on joindra, toutes les fois qu'on pourra l'apprendre, sa signification ;

4° Les usages auxquels cette plante est employée dans l'économie domestique, les arts industriels ou la médecine, lorsqu'ils sont bien constatés ;

5° La couleur de ses diverses parties, et notamment celle de la fleur, leur odeur, la consistance du fruit et la manière dont il s'ouvre à la maturité ; enfin le petit nombre de détails qui tombent sous les sens et ne peuvent être observés que sur le frais ;

6° La grandeur, la direction et la consistance de la plante. Si c'est un arbre d'une certaine taille, il serait utile que le voyageur qui a quelque habitude du dessin pût en faire un petit croquis propre à indiquer son port; ce serait surtout très-essentiel pour les Palmiers et autres arbres monocotylédons; pour les arbres ordinaires, on peut, à défaut d'un dessin, se contenter de les comparer à quelqu'un des arbres de l'Europe les plus généralement connus ;

7° Un numéro d'ordre que le voyageur inscrira également sur les échantillons séparés des fruits, graines, fleurs ou bois de la même plante qui feraient partie de son envoi, ainsi que sur les échantillons de la même plante qu'il conserverait, et sur son catalogue ou journal de voyage, de manière qu'il puisse plus tard donner avec précision les renseignements qu'on lui demanderait sur les plantes qu'il aurait envoyées. Ces numéros ne doivent pas se répéter durant un même voyage, mais ne former qu'une seule série, pour éviter toute confusion.

Si le voyageur mesure ou connaît autrement la hauteur au-dessus du niveau de la mer des lieux qu'il parcourt, il devra joindre à la note relative à chaque plante l'indication des hauteurs où il l'a trouvée. Elles n'ont en général besoin d'être qu'approximatives. S'il ne connait pas ces hauteurs, cette omission peut être réparée, jusqu'à un certain point, en indiquant quelques-uns des végétaux les plus saillants et les plus abondants qui croissent auprès[1].

Les fruits secs seront envoyés dans des caisses, avec une étiquette et un numéro semblable à celui que porte en herbier le rameau de la plante à laquelle ils appartiennent. Tous les fruits secs d'un volume assez gros pour ne pas pouvoir se bien conserver dans les herbiers, doivent être recueillis ainsi séparément; on doit les choisir bien mûrs, les laisser parfaitement sécher et les envelopper avec soin dans du papier. Ceux des Palmiers, des Pandanus ou Vaquois, des Zamia, des Conifères, des Protéacées, des Lécythidées, des Cucurbitacées, des Légumineuses, des Bignoniacées, des Bombacées, des Sterculiacées, méritent surtout de fixer l'attention et d'être recueillis ainsi séparément.

Les fruits pulpeux seront envoyés dans de l'eau-de-vie ou alcool faible à 18°, dans de l'acide acétique ou pyro-ligneux étendu d'eau, ou dans de l'eau saturée de sel marin, si les deux premiers liquides manquent, car la conservation des objets est bien moins certaine et moins parfaite dans ce liquide. Chaque espèce doit être dans un bocal séparé et enveloppée de toile, de filasse ou de coton, ou, si on réunit plusieurs espèces dans un même bocal, il faut mettre dans un sac ou cornet distinct chaque espèce avec une étiquette spéciale.

Parmi les fruits charnus qui méritent d'être ainsi recueillis, nous signalerons particulièrement ceux de plusieurs Palmiers, de beaucoup de Broméliacées analogues à l'Ananas, des Aroïdées, des Sapotées et Diospyrées; de plusieurs Annonacées, des

[1] Dans les montagnes, chaque espèce de plante ne croît que jusqu'à une hauteur déterminée. Le voyageur peut donc noter quelques espèces grandes ou remarquables et nombreuses, qu'il indique, soit par leur nom, soit, s'il l'ignore, par un numéro, et distinguer, par les lignes où ces espèces cessent de croître, un certain nombre de zones. Il suffira ensuite d'indiquer, pour chaque plante, celle de ces zones où elle croissait.

Capparidées à fruits charnus, des Papayers, des Cucurbitacées à fruits mous, des Guttifères, des Aurantiées.

Il est fort à désirer qu'on veuille bien nous envoyer aussi, dans des flacons d'eau-de-vie faible ou d'acide acétique très-étendu d'eau, les fleurs trop délicates ou trop charnues pour qu'on puisse facilement les analyser lorsqu'elles sont desséchées; telles sont celles des Orchidées, des Balisiers, des Aroïdées, des Asclépiadées et de toutes les autres plantes qu'on éprouverait de la peine à conserver en herbier. Mais il est très-important de bien coller sur le flacon une étiquette qui indique le nom de la plante, ou du moins un numéro correspondant à celui que porte dans l'herbier l'échantillon de la plante à laquelle appartient la fleur. Les étiquettes sur les bocaux se détachant souvent, il serait préférable de marquer ces bocaux avec des numéros en couleur à l'huile, ou encore mieux de mettre dans le bocal une petite plaque de bois ou de parchemin portant ce numéro, ou une étiquette écrite avec du crayon de mine de plomb ou avec de l'encre, si les objets sont dans l'alcool, ou sur des feuilles de plomb très-minces sur lesquelles on écrit avec un poinçon. Lorsqu'on met plusieurs plantes dans un même bocal, il est nécessaire d'attacher à chacune d'elles une étiquette ainsi disposée. Sans cette précaution, la collection serait inutile. Il suit de là qu'on ne peut mettre des fleurs de différentes espèces dans la même fiole, à moins qu'il ne soit impossible de les confondre, ou bien qu'il faut mettre une étiquette attachée à chacune d'elles. On peut aussi les mettre dans des cornets de papier collé, écrire les indications nécessaires sur cette enveloppe, et réunir ces cornets dans un même bocal.

Si l'on n'a pas de fiole ni d'alcool à sa disposition, on peut faire sécher à l'air et sans compression des bouquets de fleurs qu'on met ensuite dans des cornets de papier portant l'étiquette qui y a rapport; on doit avoir soin de les emballer de manière à ce qu'elles n'aient pas de pression à craindre.

Il faudrait aussi conserver dans de l'eau-de-vie ou, à défaut de cette liqueur, dans de l'acide acétique étendu d'eau (vinaigre) ou dans de l'eau saturée de sel, des individus entiers, en fleurs et en fruit, des plantes parasites sur les racines, avec la racine même sur laquelle elles sont implantées. On doit faire attention à recueillir des individus mâles et femelles de ces végétaux dans lesquels les sexes sont ordinairement séparés. Ces plantes sont, en général, remarquables par l'absence des feuilles et de toute partie colorée en vert, par leur consistance charnue et leur peu d'élévation au-dessus du sol.

Les herbiers et les fruits, lorsqu'ils sont parfaitement secs, doivent être emballés dans des caisses doublées en fer-blanc ou du moins bien goudronnées, et placées à l'abri de l'atteinte des souris et des insectes.

Les feuilles de papier qui renferment les plantes doivent être réunies en paquets bien serrés entre deux cartons, deux planches ou deux matelas de papier vide, avant d'être placées dans les caisses.

Dans l'emballage, on peut mettre plusieurs échantillons entre chaque feuille de papier et diminuer même beaucoup le nombre des feuilles de papier interposées, si on craint d'en manquer; il faut seulement que les paquets soient fortement serrés. Toute espèce de papier est bonne pour cet emballage, on peut même le remplacer par des morceaux de feuilles de bananier ou d'autres végétaux à larges feuilles; il faut seulement que les plantes soient rangées avec soin, de manière à donner une épaisseur égale aux paquets dans toutes leurs parties.

Si le voyageur a ses aises et du temps pour la préparation des plantes, il pourrait soumettre les échantillons de son herbier, ou au moins un échantillon de chaque espèce, aux moyens de conservation employés actuellement par la plupart des botanistes, et qui consistent à plonger la plante sèche dans une solution alcoolique de sublimé corrosif (15 à 20 grammes pour un litre d'alcool à 36°), ou à l'en frotter avec un pinceau, puis à la sécher ensuite dans une feuille de papier, ce qui ne demande que quelques instants. Avec cette précaution on assurerait la conservation d'une collection complète des espèces qu'on envoie ; et, faute de l'avoir employée, plusieurs envois de plantes sont arrivés détériorés en partie par les insectes.

On peut encore exposer les plantes desséchées et divisées en petits paquets à l'acide sulfureux provenant du soufre qui brûle, en les plaçant dans une caisse qu'elles ne remplissent qu'en partie et dans laquelle on fait brûler du soufre ; ce procédé les met à l'abri de l'attaque des insectes pendant longtemps.

Parmi les objets qui nous seront envoyés, il n'est pas douteux qu'il s'en trouvera un grand nombre que nous possédons déjà ; mais en général ils ne seront pas inutiles.

Les plantes conservées en herbier, et que nous possédons déjà, seront employés soit à former des herbiers spéciaux des divers pays, collections fort utiles pour l'étude de la géographie botanique et pour faciliter les recherches des voyageurs, soit à faire des échanges avec les musées étrangers, soit enfin à enrichir les principaux musées des départements.

Il faut enfin convenir que, malgré le soin qu'on donne à la conservation des collections, il y a toujours quelques objets qui se détériorent avec le temps, et qu'il est utile de renouveler.

Les collections de végétaux, de quelque pays qu'elles viennent, présentent toujours un certain nombre de plantes que le Muséum ne possède pas, ou les offrent dans un état différent de celui dans lequel nous les possédons, et, sous ce rapport elles ont toujours de l'intérêt lorsqu'elles sont bien faites; mais il est des contrées qui sont peu connues, et desquelles nous ne possédons presque rien; c'est de celles-là que nous désirerions surtout recevoir indistinctement tout ce qu'on pourrait recueillir.

Ces contrées, peu visitées par les naturalistes et dont nous ne possédons aucune ou presque aucune plante, sont :

En Asie : le Japon, la Chine, la Cochinchine et les autres pays compris entre la Chine et l'Inde, surtout lorsqu'on s'éloigne des côtes. — Les grandes îles d'Asie et la Nouvelle-Guinée.

Dans l'Australie, nous ne possédons en assez grande quantité que les plantes des environs du Port-Jackson sur la côte orientale et celles de la rivière des Cygnes et de la baie des Chiens-Marins sur la côte occidentale; celles des autres parties de la côte ou de l'intérieur nous manquent généralement.

Dans la Polynésie : l'intérieur des îles Sandwich, les Mariannes, les Philippines, et, en général, les plantes des montagnes de toutes les îles élevées de la Polynésie.

En Afrique : l'empire de Maroc, toutes les contrées comprises entre la Sénégambie et le cap de Bonne-Espérance d'une part, et celles qui s'étendent depuis la Cafrerie jusqu'à l'Abyssinie, ainsi que la plus grande partie de Madagascar, particulièrement les parties méridionales et occidentales. Les plantes des îles Açores, du cap Vert et de Sainte-Hélène sont à peine représentées par quelques échantillons dans nos herbiers, et les composées arborescentes de cette dernière manquent particulièrement.

Dans l'Amérique septentrionale : les Florides et les parties méridionales de la Louisiane, l'Arkansa et le Texas, une grande partie du Mexique et particulièrement la partie septentrionale, ainsi que la Californie. Les parties les plus méridionales du Mexique et les contrées comprises entre cet Etat et l'isthme de Panama. Les grandes îles des Antilles, Haïti, Cuba et la Jamaïque, quoique explorées si anciennement, sont à peine représentées dans nos herbiers particuliers.

Dans l'Amérique méridionale, les richesses végétales sont si nombreuses, qu'il n'est pas d'envoi de la Guyane, du Brésil ou du Pérou qui n'ajoute à nos collections des objets qui leur manquaient; par conséquent, les voyageurs ne doivent pas ralentir leurs recherches en croyant que tout est fait dans ces pays si souvent parcourus; mais les régions les plus neuves sont la Colombie et l'Etat de l'Equateur, la Bolivie, la Patagonie et les terres Magellaniques.

La botanique est déjà cultivée avec succès dans beaucoup de pays. Les voyageurs pourront donc trouver quelquefois des herbiers faits à loisir sur les lieux; il serait fort avantageux qu'ils se les procurassent, surtout s'ils n'ont à y passer qu'un temps fort court ou même une seule saison, et après s'être assurés que ces herbiers ont été faits avec soin et discernement. Cela serait important surtout pour les pays dont la flore a été traitée par quelque botaniste résidant sur les lieux, et l'on devrait alors chercher à se procurer au moins les genres et les espèces propres à ces flores locales.

Nous venons d'indiquer d'une manière générale les procédés à suivre pour former des collections botaniques utiles pour le Muséum et propres à compléter celles qui y existent déjà; les lieux les plus importants à explorer sous ce rapport, ceux dont toutes les productions végétales auraient avec certitude de l'intérêt pour la science et pour le Muséum; nous pourrions maintenant indiquer d'une manière spéciale les productions principales qui nous manquent dans les pays plus souvent explorés, mais cette énumération varie nécessairement à chaque instant, suivant les accroissements que reçoivent les collections du Muséum. Elle doit aussi varier suivant les personnes auxquelles nos demandes s'adressent. Elles deviendront, par cette raison, l'objet d'instructions spéciales en rapport avec les pays que les voyageurs doivent parcourir ou habiter, avec la nature des recherches auxquelles ils pourront se livrer et avec l'état des collections du Muséum dans le moment où on les rédigera.

Collections de tiges et de bois.

Depuis la création des galeries de botanique, on a cherché à y réunir des échantillons de bois des arbres tant indigènes qu'exotiques, ainsi que des tiges plus ou moins complètes des végétaux les plus remarquables; mais depuis que l'étude de l'anatomie végétale a pris plus d'extension, et qu'on a senti l'importance de cette étude pour la physiologie végétale, pour la classification naturelle et pour la détermination des fossiles végétaux, on a dû chercher à étendre cette collection qui, en effet, s'est presque quintuplée depuis quelques années. Cependant, il manque encore beaucoup d'échantillons qu'il serait essentiel de réunir et qui seraient surtout faciles à recueillir par les personnes qui séjournent dans les colonies ou sur d'autres points des régions éloignées.

Cette collection doit être faite d'une manière différente pour les tiges des Monocotylédones et des Fougères en arbre, et pour celles des Dicotylédones.

Pour les premières, telles que les Palmiers, les Vaquois ou Pandanus, les Dracæna ou Dragoniers et les Fougères en arbre, etc., dont la structure varie à diverses hauteurs et suivant l'âge de l'arbre, il serait à désirer qu'on pût obtenir des tiges adultes et entières, depuis les racines jusqu'au sommet de l'arbre, lorsque le transport peut s'en effectuer sans trop de difficultés et à peu de frais. Mais lorsque la grandeur de la tige et les difficultés du transport s'opposent à ce qu'on puisse l'obtenir ainsi, il faudrait en envoyer trois tronçons de 50 centimètres de long chacun, pris, l'un à la base avec les racines, l'autre au milieu, et le troisième au sommet avec les bases des feuilles. Lorsque ces tiges sont très-grosses, humides et difficiles à sécher, il est avantageux, pour faciliter leur dessiccation, de les refendre longitudinalement par le milieu ; mais il faut toujours envoyer les deux moitiés et en couper quelques rondelles transversales de 6 à 10 centimètres d'épaisseur.

Pour les végétaux dicotylédons, il suffit de choisir une tige principale ou une branche bien saine qui ne soit altérée ni par la pourriture, ni par les insectes, et d'en conserver un tronçon ou une bûche d'environ 40 à 50 centimètres de longueur ; la grosseur la plus convenable pour ces échantillons est de 10 à 20 centimètres de diamètre. En général, l'âge de la tige ou de la branche doit être tel qu'il y ait en même temps du bois parfait et de l'aubier ; et pour les bois d'usage dans les constructions, il est nécessaire que les échantillons soient pris sur des tiges assez grosses pour qu'on puisse bien apprécier les qualités physiques de ces bois. Ces échantillons doivent être envoyés avec leur écorce bien complète. Si on craint qu'ils ne sèchent pas bien et ne s'altèrent, il faut les scier en long, à quelque distance de la moelle, afin qu'elle reste intacte sur un des morceaux, et, même dans ce cas, il est bon d'envoyer, outre les deux moitiés du bois scié en long, une rondelle entière de 5 à 6 centimètres d'épaisseur.

Tous ces échantillons de tiges, soit monocotylédones, soit dicotylédones, ne doivent être mis dans les caisses et être expédiés que lorsqu'ils sont parfaitement secs. On doit, jusque-là, les tenir, autant que possible, à l'abri des insectes. Il est indispensable, pour que ces échantillons de bois aient de l'intérêt, qu'ils portent des numéros correspondants à des échantillons de rameaux avec feuilles et fleurs ou fruits desséchés en herbier, qui permettent de les déterminer avec précision.

Ces numéros devront être écrits sur la tranche même du bois, coupée bien nette, soit avec de l'encre ou du crayon noir, soit mieux avec de la couleur à l'huile. Lorsque les échantillons sont peu nombreux, on peut faire des entailles ou des chiffres romains en creux. Il est très-important d'indiquer, soit sur les catalogues, soit sur les étiquettes des échantillons en herbier, les noms vulgaires que portent ces arbres dans la contrée où on a recueilli les échantillons, ces noms étant plus généralement connus pour ces grands végétaux que pour les petites plantes, et pouvant donner le moyen de se procurer de nouveaux renseignements sur ces arbres.

Après avoir indiqué la manière de faire ces collections, nous allons signaler les végétaux dont nous désirerions surtout obtenir des tiges.

La collection du Muséum est déjà fort riche en tiges de Fougères arborescentes. Cependant elle ne possède que très-peu de celles qui n'appartiennent pas à la tribu des Cyathées, tels que les Diplazium, Dicksonia, Lomaria, Angiopteris.

Elle ne possède pas ou n'a que des échantillons incomplets des Fougères arborescentes de la Nouvelle-Hollande, des îles d'Asie et de la mer du Sud, de Sainte-Hélène et de Madagascar; enfin, quoique plus complète par rapport au Brésil, aux Antilles, à l'île Bourbon et à l'Inde, il lui manque encore plusieurs espèces de ces contrées.

La collection du Muséum est bien moins riche par rapport aux tiges de Palmiers, soit que ces tiges lui manquent complétement, soit qu'elle n'en possède que des échantillons trop petits ou altérés, ou qu'elle les ait reçus sans moyen propre à les déterminer. Aussi, pour cette famille, l'administration doit inviter les voyageurs à lui envoyer des tiges de presque toutes les espèces, soit sauvages, soit cultivées, à l'exception du Dattier, du Cocotier, de l'Ælaïs et du Lodoïcea ou Cocotier de mer des Seychelles. Ainsi les Arecs, les Palmistes, le Bacle, le Sagoutier, le Doum de la Haute-Egypte, les Lataniers, manquent à la collection, ou ne sont parvenus qu'en échantillons pris sur des individus trop jeunes et imparfaits. Les petits Palmiers, connus sous les noms de Rotangs et de Joncs, n'existent qu'assez incomplets et tels que le commerce les apporte; il serait, au contraire, très-intéressant de les avoir avec leurs racines, leurs feuilles, leurs fleurs et leurs fruits; nous signalerons en particulier l'espèce si employée, comme canne, sous le nom de *Jet*, venant de Malacca, et dont la plante n'est pas encore connue avec certitude des naturalistes.

Dans la famille des Graminées, de beaux échantillons des tiges des diverses sortes de Bambous, pris avec leurs racines et dans une longueur de 3 à 4 mètres, seraient aussi fort intéressants.

Des tiges bien conservées des Dragoniers (Dracæna) et des Vaquois (Pandanus) de l'ancien continent, des diverses espèces de Yucca et Agave du Mexique, des Xanthorrhea et Kingia de la Nouvelle-Hollande, des grandes Bromeliacées (Ananas, Karatas, Cardone) de l'Amérique méridionale, des Aroïdes grimpantes de la région équatoriale, compléteraient nos connaissances sur ces végétaux remarquables; mais presque toutes ces tiges, même celles d'un assez petit diamètre, exigeront, pour être bien conservées, qu'on les divise en deux, suivant leur longueur, pour faciliter leur dessiccation, et qu'on en coupe des rondelles peu épaisses (de 3 à 5 centimètres), qui sècheront facilement et seront très-utiles pour les recherches anatomiques.

Parmi les bois des arbres dicotylédons, nous placerons en première ligne tous les bois employés dans les arts et particulièrement dans l'ébénisterie et la teinture, bois que nous ne possédons que dans l'état où le commerce les apporte et qu'il serait très-intéressant d'avoir complets avec leur aubier et leur écorce, et surtout avec un rameau en fleur ou en fruit conservé en herbier et pouvant servir à leur détermination scientifique. A l'exception d'un petit nombre de bois du Brésil que nous avons reçu ainsi, nous avons tout à demander sous ce rapport au Brésil même, mais surtout à la Guyane et aux Antilles, et des échantillons propres à éclaircir l'histoire des diverses sortes d'ébènes, de bois de fer, de palissandre, de bois jaunes, etc., seraient d'un grand interêt. Nous citerons encore les bois du figuier Sycomore d'Egypte, employé déjà par les anciens Egyptiens, ceux des Meliacées ou Cedrelacées de l'Inde, celui du Flindersia de la Nouvelle-Hollande.

Sous le point de vue de l'anatomie végétale, les autres arbres qui ne fournissent pas des bois employés dans les arts ne sont pas moins intéressants, et tous méritent d'être recueillis; mais on peut se borner en général, pour ceux-ci, à des branches moins volumineuses, de 8 à 10 centimètres de diamètre. Les pays qui n'en ont pas encore fourni à la collection, et dont on serait certain de rapporter des objets qui nous manquent, sont, dans l'ancien continent, l'Arabie, la Perse, mais surtout la Chine, la Cochinchine et les grandes îles d'Asie; la Nouvelle-Hollande et la terre de Diémen, dont la végétation est si spéciale et dont nous ne possédons encore presque aucun échantillon de bois; le Sénégal, le cap de Bonne-Espérance, Madagascar et l'Abyssinie; dans le nouveau continent : le Mexique et la Californie, le Pérou, la Colombie et les terres Magellaniques. — Dans ces diverses localités, on devrait recueillir non-seulement des échantillons de bois des grands arbres, mais des tiges principales des arbrisseaux et des grandes plantes ligneuses qui n'atteignent jamais la même taille dans les espèces particulières à nos climats.

Mais, parmi les végétaux dicotylédons, il n'en est aucun qui mérite autant de fixer l'attention des naturalistes que les plantes ligneuses grimpantes, connues généralement sous le nom de *Lianes*. Ces plantes présentent presque toutes une structure remarquable et plus ou moins anomale, qui pourra jeter beaucoup de jour sur le mode d'accroissement et de nutrition des végétaux. Les échantillons de ces plantes, recueillis par MM. Gaudichaud, Perrottet, Guillemin, Melinon, ont déjà fourni des notions précieuses. Mais il reste encore beaucoup de lacunes à combler, et les personnes habitant les pays chauds pourraient nous fournir de précieux documents, en recueillant non-seulement des tronçons de toutes ces plantes, mais en envoyant des portions de tiges assez étendues prises à la base des individus les plus âgés, avec leurs racines des tiges moins âgées; enfin, de jeunes rameaux d'un et de deux ans, et des rameaux avec feuilles et fleurs desséchés en herbier. Le point essentiel serait, pour chaque espèce, d'avoir la succession de ses différents âges, depuis les rameaux de la première année, chargés de feuilles, de fleurs et de fruits, jusqu'aux tiges les plus âgées, et les échantillons seraient faciles à recueillir lorsqu'on abat dans les forêts les grands arbres sur lesquels grimpent ces Lianes. On devra, pour ces Lianes comme pour les arbres, noter avec soin les noms vulgaires qu'elles portent dans le pays, ainsi que les propriétés qu'on leur attribue et les usages auxquels on les emploie; il est très-essentiel, pour la plupart de ces Lianes, même lorsqu'elles n'ont pas un très-gros volume, et surtout pour celles qui renferment beaucoup d'eau, comme les tiges des Cissus, d'en couper immédiatement des tronçons de quelques centimètres d'épaisseur, dont l'organisation se conservera mieux que celle des tiges plus étendues.

Tous les divers morceaux provenant d'une même tige doivent porter un même numéro.

Produits des végétaux. — Nous comprenons sous cette désignation toutes les parties des végétaux ou produits du règne végétal qui offrent de l'intérêt et méritent d'être recueillis : telles sont les fibres végétales, employées dans la fabrication des tissus ou des cordages, les tissus naturels provenant de la préparation du liber des arbres, les papiers faits directement avec certaines plantes, les fécules, en joignant à cette fécule, préparée sur les lieux, les tubercules, racines, tiges ou graines dont on l'extrait, les gommes, sucres, résines, cires végétales et autres sucs concrétés que fournissent les végétaux, les matières tinctoriales, enfin les racines, écorces, feuilles ou fruits employés soit en médecine, soit dans les arts industriels.

Il est essentiel, autant que possible, de joindre à ces objets, avec une étiquette portant le même numéro, un échantillon en herbier des plantes qui les fournissent, et d'indiquer avec soin le nom vulgaire tant de la plante que de la matière employée, et les usages auxquels on l'applique.

Des échantillons avec ces renseignements recueillis dans le pays même où ces matières sont exploitées, auraient de l'intérêt même pour les objets qui arrivent habituellement en Europe par la voie du commerce; car, dans un grand nombre de cas, l'origine de ces matières est entourée de beaucoup d'obscurité, la distinction de leurs variétés et de leurs diverses qualités très-difficile, et plusieurs d'entre elles ont été altérées par des falsifications ou des préparations secondaires.

Il serait à désirer qu'on pût nous adresser une quantité suffisante de chacune de ces matières pour pouvoir la soumettre à quelques essais, si on le jugeait intéressant; un à deux kilogrammes serait en général une quantité convenable.

Celles de ces matières qui seraient susceptibles d'être attaquées par les insectes devront être mises, bien sèches, dans des bocaux, bouteilles ou vases de terre bien fermés.

Echantillons relatifs à l'anatomie et à la physiologie végétale. — Beaucoup des objets propres à étendre l'étude de ces branches de la botanique se trouvent compris dans les collections de tiges, de fruits et de plantes sèches, que nous avons déjà signalés; nous recommandons ici, sous ce titre spécial, la réunion des échantillons qui présenteraient des déviations de la structure habituelle des végétaux, ou qui devraient être conservés d'une manière spéciale pour être soumis à l'observation. Tels sont:

1° Les résultats d'expériences faites souvent dans un but différent sur des végétaux qui ne croissent pas en Europe.

Ainsi, des tiges de Palmiers sur lesquels on a opéré des entailles ou perforations pour recueillir la séve sucrée qui s'en écoule.

Des tiges de Dragoniers *(Dracæna)* sur lesquels on aurait pratiqué des plaies depuis un temps plus ou moins ancien.

Des exemples de plaies plus ou moins complétement recouvertes sur des arbres dont le bois est très-différent de ceux de des arbres indigènes, tels que les bois très-mous du Baobab, des Papayers, et sur les bois très-compactes, comme les bois de fer, ébène, etc.

2° Les excroissances et autres anomalies de développement de ces divers bois, en sachant exactement l'arbre sur lequel on les a observées et recueillies.

3° Les plantes parasites insérées sur les tiges ou racines qui les portent, tels que les Loranthus, Viscum et autres parasites sur des branches, les Rafflesia, Hydnora, Balanophora sur les racines; ces échantillons, présentant les plantes parasites encore fixées sur une portion de la plante qui les nourrit, doivent être conservés à sec pour les espèces ligneuses, dans l'alcool pour les espèces herbacées ou charnues.

4° Les monstruosités ou anomalies de structure de fleurs ou de fruits exotiques; conservés dans l'alcool.

Végétaux fossiles. — Les collections de ce genre ont pris, au Muséum, depuis quelques années, une grande extension, et les recherches des voyageurs et des correspondants de l'établissement peuvent, d'ici à peu de temps, leur donner beaucoup d'importance. Jusqu'à présent, ces collections comprennent presque uniquement des végétaux fossiles d'Europe; cependant on sait que les terrains qui en renferment, se représentent sur les points les plus éloignés du globe, et la comparaison des fossiles provenant de ces distances éloignées serait d'un grand intérêt pour les théories géologiques. Ainsi, le terrain houiller, si riche en plantes fossiles en Europe, est exploité dans un grand nombre de points de l'Amérique septentrionale, dans les Indes orientales, en Chine et à la Nouvelle-Hollande, et il se représente sans doute dans d'autres lieux ; les mines seules des États-Unis ont été exploitées avec soin pour les fossiles qu'elles renferment, et ont déjà fourni de nombreux échantillons à nos galeries.

Celles de l'Inde et de la Nouvelle-Galle du Sud en renferment aussi, mais nous n'en possédons que deux échantillons de chacune de ces localités, et la différence qu'ils présentent lorsqu'on les compare à ceux d'Europe prouve tout l'intérêt qu'il y aurait à les rechercher avec soin et à les placer auprès des nombreux fossiles végétaux d'Europe, réunis dans les galeries du Muséum. Les végétaux fossiles des mines de charbon de terre, de la Chine, de l'île Sainte-Catherine au Brésil, et des autres régions situées entre les tropiques, seraient dans le même cas; ceux provenant des régions circumpolaires de l'île Melville et du Groënland ou des régions australes, doivent aussi exciter l'attention des voyageurs.

On ne doit pas oublier que, pour déterminer avec exactitude ces fossiles, un nombre assez considérable d'échantillons est souvent nécessaire, et que l'ensemble des espèces réunies dans un même terrain est souvent un des résultats les plus importants; que, par conséquent, on doit chercher, dans ces localités éloignées surtout, à recueillir et à envoyer le plus grand nombre d'échantillons possible.

On doit surtout chercher à se procurer les échantillons qui présentent des empreintes de feuilles bien entières et bien prononcées, les tiges qui offrent encore l'écorce charbonnée qui les recouvrait, et l'impression des insertions des feuilles qu'elle portait, enfin les fruits bien caractérisés, tels que ceux analogues aux cônes des Pins, aux fruits des Palmiers, etc.

Le terrain houiller, quoique plus riche en général qu'aucun autre en végétaux fossiles, n'est pas le seul qui en renferme; les terrains secondaires plus récents, et les terrains tertiaires, présentent aussi de nombreuses impressions de feuilles, de tiges, de fleurs mêmes et de fruits, dont la succession à diverses époques de formation, et la comparaison dans les diverses contrées du globe, n'est pas moins intéressante. On ne saurait donc trop en recommander la recherche; mais il faut, autant que possible, joindre à ces fossiles des fossiles animaux qui pourraient les accompagner, ce qui mettrait à même de mieux déterminer l'époque de formation du terrain qui les renferme.

Enfin, il est une dernière classe de fossiles végétaux qui, dans ces derniers temps, a acquis plus d'importance qu'on ne lui en avait attribué jusqu'alors; ce sont les bois pétrifiés que de nouveaux procédés de préparation permettent d'étudier dans leur organisation intime, et de comparer ainsi aux bois vivants; ces bois se trouvent dans les terrains de toutes les époques et dans les pays les plus éloignés les uns des autres. Ils appartiennent à des familles et à des classes très-différentes, ainsi leur examen est fort important. On doit recommander aux personnes qui en rencontreraient de les recueillir avec soin, en choisissant les échantillons qui paraissent différer, non pas tant par leur forme extérieure que par leur structure intérieure. Les caractères qui les distinguent tenant à cette structure interne, il n'est pas nécessaire, en général, et surtout pour les bois dicotylédons à couches concentriques, d'envoyer de gros échantillons: il faut, au contraire, les casser nettement avec le marteau et les réduire à 1 décimètre cube environ. Les morceaux qui seuls doivent être conservés d'un plus gros volume, sont ceux des Monocotylédones, tels que les bois de Palmiers et les bois qui seraient analogues aux tiges des Fougères arborescentes; pour ceux-ci, il faut, autant que possible, avoir la tige entière depuis le centre jusqu'à la surface et dans une étendue de 2 à 3 décimètres en longueur. Parmi les lieux où on a trouvé les bois fossiles les plus remarquables et les plus variés, nous citerons les petites Antilles, surtout Antigoa, Sainte-Lucie, la Martinique.

Le Muséum ne possède encore que peu d'échantillons de ces localités.

Tous les échantillons de plantes fossiles qu'on adressera au Muséum doivent être enveloppés avec soin dans double ou triple papier; ceux qui présentent des empreintes délicates doivent être couverts sur cette face avec du coton ou de l'étoupe, surtout si la roche est tendre; ils doivent, si les échantillons sont minces et fragiles, comme cela arrive souvent pour les impressions sur des schistes, être placés séparément dans des boites particulières. Enfin, les caisses doivent être proportionnées au nombre des échantillons, de manière qu'ils les remplissent entièrement, et soient même serrés et ne puissent ballotter; on doit éviter de mettre dans une même caisse ces fossiles avec des plantes en herbier ou des bocaux. Sans ces précautions, les échantillons se frotteraient et les empreintes se détruiraient.

CHAPITRE III.

ZOOLOGIE.

Zoophytes, Vers et Mollusques. — La mer est peuplée d'une infinité d'animaux mous ou gélatineux, du groupe des Mollusques, des Vers, ou des Zoophytes dont les uns vivent isolés, les autres en société. La plupart de ces animaux sont inconnus, et leur étude est d'autant plus importante, qu'elle nous donne des notions générales sur l'organisation des êtres, et sur la diversité des formes sous lesquelles se montre la nature vivante.

Les chirurgiens et les amateurs d'histoire naturelle qui se trouvent à bord des vaisseaux, peuvent nous procurer un grand nombre de ces animaux curieux. Il suffit de les prendre avec un filet, de les bien laver dans l'eau douce, de les mettre dans l'eau-de-vie avec les précautions que nous indiquerons, et de rédiger à l'instant même une note qui indique la latitude du lieu où on les a pris, s'ils vivent isolés ou en société, s'ils sont phosphorescents, s'ils habitent à une certaine profondeur ou à la surface des eaux. Les couleurs des animaux gélatineux ne se conservant pas dans la liqueur, il est très-important d'en faire mention.

Les rochers, les fucus, le fond de la mer sont tapissés de croûtes à aspect gélatineux ou charnu de couleurs très-vives, et qu'on prendrait pour des corps inertes ; cependant elles sont composées par l'agrégation d'une foule de petits animaux microscopiques dont l'organisation est très-variée : on aura soin de les enlever avec la lame d'un couteau, et on plongera ces couches, en général peu épaisses, dans l'esprit-de-vin, en ayant soin de noter leur couleur, qui ne tarde pas à disparaître complétement.

Il serait très-utile de recueillir les nombreux Spongiaires, et de les conserver dans l'alcool.

Enfin, il existe, à de très-grandes profondeurs dans la mer, une multitude d'animaux qui ne paraissent jamais à la surface, et qui sont entièrement inconnus. C'est avec la drague qu'on peut les obtenir; on devra donc en faire un usage fréquent, en draguant depuis quelques brasses jusqu'aux plus grandes profondeurs, c'est-à-dire plus de 150 brasses.

On ne mettra pas moins de soins à ramasser les Coquilles terrestres que les Coquilles aquatiques. Les Coquilles fossiles sont aussi du plus grand intérêt.

Les Coquilles très-fragiles, les Oursins, les Etoiles de mer, etc., seront enveloppés avec beaucoup de soin dans du coton, et placés chacun à part dans une boite. Il sera très à propos de laver dans l'eau de chaux les Oursins et les Etoiles de mer ; on devra aussi s'attacher à conserver le plus grand nombre possible de ces animaux dans l'esprit-de-vin, en ayant soin de les entourer de fil, ou mieux de linge fin et de coton, entouré ensuite de linge plus épais ou de plusieurs tours de fil, afin d'empêcher les pointes ou les épines de tomber. Les Madrépores d'un certain volume seront fixés par du fil de fer au fond de la caisse dans laquelle ils seront placés, mais on est plus certain de rapporter en bon état ces corps assez fragiles, en plaçant chaque individu dans une boite à part.

Les Mollusques devront être mis dans l'alcool. La coquille extérieure, lorsqu'elle est enroulée en spirale, devra être brisée à la partie supérieure et sur plusieurs points de la spire, pour laisser pénétrer le liquide, et faire que tout l'animal soit bien conservé : il est possible, en suivant cette indication, d'avoir des Mollusques dont on peut facilement faire l'anatomie, même après un très-long séjour dans les collections.

Par des temps calmes, ou petites brises, il sera utile d'avoir à la traine un filet de gaze pour saisir les Mollusques pélagiens, dont le nombre est très-considérable. On devra veiller aussi la nuit, et retirer plusieurs fois les filets, car il est probable qu'alors la Spirule se trouve à la surface de l'eau. On devra aussi ouvrir les Poissons pour chercher dans l'estomac cette même spirule, qui sans doute doit être prise par eux; les autres Céphalopodes ne sont pas moins nombreux et moins curieux à étudier. Il faut donc les ramasser partout où on le pourra.

Il existe une classe d'êtres qu'on nomme *Vers marins* ou *Annelides*, dont on ne connait encore qu'un petit nombre d'espèces, parce qu'on s'est peu attaché à les recueillir; ces animaux fréquentent ordinairement les rivages de la mer, un grand nombre habitent les interstices des Madrépores, plusieurs se creusent des trous profonds dans le sable ou dans la vase. Au moyen de marteaux et de bêches, on pourra se les procurer facilement; il sera nécessaire de les conserver dans l'alcool; et comme la plupart de ces espèces se construisent des fourreaux, on aura soin de les recueillir en même temps, et de les mettre avec eux dans l'esprit-de-vin. Ordinairement, ces animaux changent promptement de couleur; il sera utile de noter celle qu'ils avaient à l'état vivant : on devra toujours prendre le soin de le faire pour les Sangsues, dont les couleurs disparaissent aussitôt qu'elles sont mortes. Il faut aussi que l'attention des naturalistes se porte sur les Lombrics ou Vers de terre. On pourrait réussir à faire parvenir vivants ces animaux, ainsi que tous les Mollusques terrestres, en les envoyant dans des boîtes fermées où on a mis préalablement de la terre ou de la mousse humide.

Il serait bon aussi de chercher avec soin les Entozoaires ou les Helminthes des différents animaux, et de les rapporter en indiquant l'animal et le viscère d'où on aurait extrait le Ver.

ANIMAUX ARTICULÉS. — Les animaux articulés (savoir : les Insectes, les Arachnides, les Crustacés, etc.), constituent l'embranchement le plus nombreux du règne animal ; les collections que l'on en fait dans les pays lointains renferment toujours une proportion très-considérable d'espèces nouvelles, et la capture, ainsi que la conservation et le transport de ces petits êtres, n'offrent aucune difficulté sérieuse. Nous devons donc recommander d'une manière spéciale à l'attention des voyageurs les recherches entomologiques ; car, faites avec zèle et intelligence, même par une personne qui n'est pas naturaliste, elles ne peuvent manquer d'être fructueuses pour la science, et importantes pour le Muséum. Là, de même que dans les autres branches de la Zoologie, ce ne sont pas seulement les grandes espèces, ou celles à brillante livrée, qui ont, pour le naturaliste, le plus de valeur ; en général, c'est au contraire parmi les Insectes de petite taille, ou ceux à couleurs ternes, qu'on rencontre le plus de formes nouvelles ; car les collecteurs les ont d'ordinaire négligés, et même dans les régions les mieux explorées (aux environs de Paris, par exemple), on en découvre tous les jours qui, jusqu'ici, avaient échappé à l'attention. Quant à la manière de former ces collections et aux indications particulières relatives à la direction qu'il convient de donner à ces recherches, elles varient suivant les classes dont se compose cette vaste division du règne animal, et par conséquent nous consacrerons ici à chacun de ces groupes un article spécial.

INSECTES. — Ce que nous venons de dire des animaux articulés en général, est particulièrement applicable aux Insectes dont le nombre est immense, et dont les formes varient au delà de tout ce que l'on pourrait imaginer. Les espèces diffèrent extrêmement d'un pays à un autre, souvent même d'une localité à une localité voisine, et il est rare de trouver une identité parfaite entre des Insectes qui habitent des régions différentes, quoique souvent on ne peut, au premier coup d'œil, les distinguer entre eux; enfin, il n'est aucun point du globe dont la Faune entomologique soit complétement connue, et quoique le Muséum en possède environ quatre-vingt mille espèces, nos galeries ne renferment pas la moitié de celles que l'on voit en parcourant les diverses collections de l'Europe. Il en résulte que, dans tous les pays, les voyageurs qui s'occupent d'entomologie peuvent se rendre très-utiles au Muséum, et que dans les pays lointains ils ne doivent jamais négliger de recueillir tous les Insectes qu'ils trouvent, lors même que les espèces paraissent ne différer en rien de celles qu'on rencontre le plus communément chez nous. Il est cependant quelques parties du globe qui, sous le rapport entomologique, méritent de fixer spécialement l'attention du collecteur, soit à raison de leur richesse extraordinaire, soit à cause du petit nombre d'envois que le Muséum en a reçu jusqu'ici. Telles sont : la portion occidentale de l'Afrique, depuis le golfe de Benin jusque vers le cap de Bonne-Espérance ; l'empire Birman, l'Assam, et même tout l'intérieur de l'Inde, d'où les entomologistes anglais reçoivent chaque jour une foule d'espèces remarquables; Bornéo, les Philippines et les îles voisines; la partie septentrionale et occidentale de l'Austrasie; la côte ouest de l'Amérique septentrionale, depuis le Mexique jusqu'au détroit de Béring, et le grand bassin de l'Amazone.

En général, les entomologistes se contentent de ramasser des Insectes sans s'occuper des mœurs et du mode d'existence de ces animaux; cependant, ils ne remplissent ainsi qu'une portion de leur mission, car il importe beaucoup aux progrès de la science d'avoir sur ce sujet des notions précises. Ainsi, il est bon d'indiquer, toutes les fois que cela est possible, non-seulement la localité où l'Insecte a été trouvé, mais encore la nature de cette localité, le nom des plantes sur lesquelles l'espèce se rencontre, et toutes les particularités que l'on aura pu constater relativement à sa manière de vivre. Il serait aussi très-intéressant d'avoir des échantillons des produits de l'industrie de ces petits êtres, des nids de guêpes et de fourmis, des gâteaux d'abeilles sauvages, des cocons, par exemple. Les matières fournies par les Insectes et employées dans les arts sont également importantes à recueillir et à étudier sous le rapport de leur mode de production. Enfin, nous signalerons aussi à l'attention des voyageurs les altérations que les Insectes déterminent dans les plantes sur lesquelles ils habitent, la manière dont un grand nombre d'entre eux perforent l'écorce des arbres ou même le bois, rongent ou roulent les feuilles, ou y produisent, par leurs piqûres, des excroissances ou galles. Des échantillons de ces altérations seraient d'un grand intérêt pour l'entomologie, surtout lorsqu'on peut y joindre l'Insecte qui les occasionne.

Nous engagerons également les voyageurs à rechercher les Chenilles et les autres Larves, et à en conserver quelques-unes à l'état vivant, afin d'obtenir l'Insecte parfait, ou au moins la Chrysalide. Des Larves dont on ne connaît pas l'origine ne seraient de presque aucune utilité au Muséum, tandis qu'une collection dans laquelle chaque Larve serait rapprochée de l'Insecte parfait offrirait un très-grand intérêt.

Enfin, il ne faut pas négliger les Insectes qui vivent en parasites sur d'autres animaux.

La chasse des Insectes est facile et ne nécessite que peu d'instruments. Le meilleur moyen pour prendre à la fois un grand nombre de ces animaux est de promener vivement sur les plantes des prairies ou des clairières un sac de toile dont l'ouverture est attachée à un cercle en fer, fixé à l'extrémité d'un bâton : c'est ce qu'on nomme *chasser en fauchant*. En dirigeant cet instrument alternativement à droite et à gauche, on empêche les Insectes, même les plus agiles, d'en sortir, et on accumule au fond du sac tous ceux qui se trouvent sur son passage. On les y prend ensuite un à un, soit avec la main, soit avec des pinces, et on les pique avec une épingle dont la grosseur est appropriée à la taille de l'animal. Les Coléoptères doivent être piqués sur l'élytre droite, et les Hyménoptères, les Diptères et les Lépidoptères au milieu du corselet ; enfin, les Orthoptères et les Névroptères un peu plus en arrière, entre la base des ailes.

Pour les petites espèces, il est préférable de ne pas les fixer de la sorte, et pour conserver celles dont l'enveloppe offre assez de consistance, les Coléoptères et la plupart des Hémiptères, par exemple, il suffit de les placer dans de petites boites ou dans des flacons remplis de rognures de papier (ou même de coton, à défaut de papier). Ce procédé est même applicable aux grosses espèces, et peut être employé toutes les fois qu'on n'a pas le temps de piquer avec soin les produits de sa chasse. Les petites espèces à téguments mous doivent être conservées dans l'alcool, car la dessiccation les déforme souvent au point de les rendre presque méconnaissables. C'est aussi dans cette liqueur qu'il faut conserver les Chenilles, ainsi que les autres Larves, et il serait bon d'y placer également un certain nombre des Insectes dont on possède déjà des individus desséchés, car on pourrait souvent en tirer parti pour des recherches anatomiques.

La chasse aux Papillons se fait ordinairement à l'aide d'une chape ou poche en gaze, disposée comme le sac du troubleau dont on se sert pour faucher. Ces Insectes se trouvent principalement dans les champs où les fleurs abondent et sur la lisière des bois, mais il faut les chercher aussi dans les lieux obscurs, car pendant le jour les espèces nocturnes s'y tiennent immobiles, appliquées contre les murailles ou l'écorce des arbres. Avec un peu d'adresse, on peut alors les piquer sans les saisir préalablement, et si on craint de les manquer ainsi, il faut d'abord les couvrir avec la pince à gaze, à travers les mailles de laquelle on fait passer l'épingle. Lorsque l'air est calme et la nuit obscure, on peut aussi faire avec avantage la chasse aux flambeaux, car il suffit de placer une lumière dans un lieu bas et découvert, pour y attirer une multitude de Phalènes et d'autres insectes nocturnes. Mais pour avoir de beaux Lépidoptères, il vaut mieux se procurer des chenilles, les nourrir avec des feuilles de la plante sur laquelle on les a trouvées, et piquer le papillon aussitôt qu'il a achevé ses métamorphoses, car les individus que l'on prend au vol sont rarement frais.

Pour les Coléoptères, il ne suffit pas de battre les buissons et de faucher sur les plantes herbacées, il faut aussi chercher ces insectes sous l'écorce des arbres, dans l'intérieur des champignons, sous les pierres et même dans le sol; pour cela il est bon de se munir d'un *écorçoir*, instrument qui ressemble beaucoup à un ciseau de menuisier, mais qui est un peu courbe et se termine par une sorte de spatule pointue.

Les insectes aquatiques se prennent à l'aide d'un troubleau semblable à celui dont on se sert pour faucher, mais dont la poche est en canevas clair au lieu d'être en toile. Enfin, pour s'emparer des Hyménoptères, dont la piqûre est souvent à redouter, on doit avoir une pince dont les branches sont disposées comme des raquettes et garnies de tulle à larges mailles.

La conservation des insectes que l'on a piqués nécessite quelques soins; pour empêcher les Lépidoptères de s'abîmer les ailes en se débattant, on peut, aussitôt leur capture, leur comprimer le thorax en dessous; mais en général il faut, au retour de la chasse, faire périr promptement tous les insectes dont on s'est emparé, et pour atteindre ce but, le meilleur procédé consiste à les placer *à sec* dans un vase entouré d'eau bouillante, car une température élevée les fait mourir en quelques minutes. Les boîtes destinées à recevoir les collections entomologiques doivent être en bois léger, et doivent avoir au moins deux pouces et demi de profondeur; on en garnira le fond avec du liége ou avec des plaques de quelque autre matière végétale très-tendre, et on aura soin d'y enfoncer les épingles autant que possible. Quand les insectes sont grands, il faut encore les assujettir à l'aide de plusieurs épingles placées à l'entour, car si un individu vient à se détacher, non-seulement il s'abîme, mais il détériore souvent tous ceux au milieu desquels il est alors ballotté. Aussitôt qu'une boîte est pleine et que les insectes sont suffisamment desséchés, il faut la fermer et coller des bandes de papier sur toutes les jointures; mais dans les pays chauds, où les insectes destructeurs abondent, cette précaution ne suffit pas : il faut encore placer ces boîtes dans une caisse de fer-blanc soudée de toutes parts.

Arachnides. — Les animaux de cette classe sont moins nombreux que les insectes, mais méritent aussi de fixer l'attention des voyageurs. Certaines espèces vivent dans l'eau, mais la plupart sont terrestres et se tiennent sur les arbustes ou dans des trous, creusés soit dans les vieux murs, soit dans la terre. L'industrie que beaucoup d'araignées déploient dans la construction de leur demeure ou des piéges destinés à arrêter leur proie, est très-remarquable, et mérite de fixer l'attention des voyageurs : les nids des Mygales, par exemple, sont très-curieux. Il serait intéressant d'avoir une collection des toiles filées par les araignées exotiques, et la conservation de ces tissus délicats est assez facile, si on les étale sur une feuille de papier imbibée d'eau gommée. Il est peut-être superflu d'ajouter que ces échantillons n'auraient de valeur qu'autant que chacun d'eux serait accompagné de l'araignée auquel il appartient. Enfin, nous signalerons aussi aux voyageurs les espèces réputées vénéneuses, et celles qui vivent en parasites sur d'autres animaux.

La conservation des Arachnides offre quelques difficultés; par la dessiccation, ces animaux se déforment beaucoup, et dans l'alcool ils perdent leurs couleurs; il faut donc, autant que possible, conserver les échantillons de la même espèce par l'un et l'autre de ces procédés, en ayant soin de les numéroter de façon à pouvoir les identifier.

Crustacés. — Ces animaux sont presque tous aquatiques, et la plupart d'entre eux habitent la mer. Les Crabes se rencontrent d'ordinaire près du rivage, dans les anfractuosités des rochers et sous les pierres ; mais il en est aussi qui se cachent dans le sable ou qui vivent à de grandes profondeurs ; quelques espèces aussi sont complétement pélagiques. Il en est de même pour les Décapodes macroures, tels que les Langoustes et les Salicoques ; et c'est, en général, à l'aide de la drague ou de filets traînants que l'on se les procure ; mais un procédé de pêche plus fructueux consiste à descendre au fond de l'eau un *casier*, sorte de panier dont l'orifice est en forme de cône renversé ; quelques charognes placées dans l'intérieur de ce piége y attirent les Crustacés, et ceux-ci, lorsqu'ils y ont pénétré, ne peuvent plus en sortir.

Les petites espèces de Crevettines se trouvent, en grande abondance, au milieu des fucus ; et pour s'en procurer, il suffit de placer une certaine quantité de ces plantes marines dans un vase rempli d'eau de mer : les petits animaux qui s'y trouvent ne tardent pas à épuiser l'oxygène dissous dans ce liquide, et viennent alors à la surface, où il est facile de les prendre avec une cuiller.

D'autres Crustacés, de petite taille, se rencontrent en haute mer et se prennent à la traîne, comme les Mollusques pélagiens. Enfin, il existe aussi un grand nombre de ces animaux qui vivent en parasites sur les poissons (autour des branchies surtout), et en les recueillant on ne pourrait manquer d'enrichir la science d'une multitude de formes spécifiques nouvelles et curieuses. Jusqu'ici les voyageurs ont aussi presque entièrement négligé les petits Crustacés de l'ordre des Entomostracés, qui se trouvent dans les eaux douces, et il serait à désirer que l'on en recueillît dans toutes les localités.

Le meilleur procédé de conservation pour les Crustacés consiste à les plonger dans de l'alcool de 20 à 25°, après les avoir enveloppés dans du linge ou dans des feuilles. On peut aussi dessécher les grosses espèces, en ayant soin d'enlever préalablement les viscères logés sous la carapace ; mais les Crustacés préparés de la sorte sont extrêmement fragiles, et il est rare de les conserver intacts.

POISSONS ET REPTILES. — Quoique parmi les Poissons de mer il y en ait plusieurs qui se trouvent dans divers parages, le plus grand nombre appartient à des rivages, à des golfes particuliers. Il sera donc utile d'envoyer ceux qu'on trouve dans les contrées qui n'ont pas été visitées par les naturalistes, ceux même qui se vendent sur les marchés.

Quant aux Poissons d'eau douce, ils diffèrent, non-seulement selon le pays, mais encore selon les rivières et les lacs où ils vivent. Il est donc à propos d'envoyer tous ceux qu'on pourra se procurer.

En général, un poisson quelconque venu d'un marché étranger, avec le nom qu'il y porte parmi les naturels, sera une acquisition intéressante pour la science.

On les mettra dans l'eau-de-vie, ou, s'ils sont trop gros, on enverra simplement la peau bien desséchée, en ayant soin de conserver la tête, les dents et les nageoires. Il est essentiel que les nageoires soient bien étendues lorsqu'on les fait sécher. Pour cela, on les colle sur du papier, ou bien on en écarte les rayons en les attachant à des fils. Le premier moyen vaut mieux.

Les Reptiles seront également mis dans l'eau-de-vie, à moins que leur grande dimension ne permette d'y conserver que la peau, ce qui vaut beaucoup mieux que d'envoyer celle-ci desséchée. En écorchant les Serpents, pour en avoir la peau, il faut y laisser la tête et bien prendre garde de ne pas endommager les écailles. Il faut aussi beaucoup de soin pour ne pas casser la queue des Lézards.

Il serait à désirer qu'on pût envoyer le squelette des Poissons et des Reptiles trop grands pour être mis dans la liqueur.

Ces squelettes n'ont pas besoin d'être terminés. Il suffit d'enlever grossièrement les chairs, et de faire ensuite sécher parfaitement l'ensemble des os, sans les démonter. Le squelette entier sera placé dans une boîte avec du coton, ou avec du sable bien sec et bien fin. S'il est trop long, on pourra le séparer en deux ou trois parties.

Les indications suivantes feront connaître les reptiles qui, dans l'état actuel de la science, offriraient le plus d'intérêt pour les collections du Muséum; et afin de rendre ces notes plus faciles à consulter, on les a distribuées suivant l'ordre géographique.

Sénégal.—Toutes les espèces de Chéloniens terrestres et fluviatiles, et particulièrement celles dites Tortues moles ou *Trionyx;* plusieurs individus de chacune d'elles, à divers âges; leurs œufs dans l'eau-de-vie; quelques sujets vivants.

Des individus adultes, en peau et en squelette, de l'une des trois espèces de Crocodiles que nourrit le Sénégal, celle qui a le museau le plus long et le plus étroit, et le front bombé (*Crocodilus suchus*, Geoff.); des œufs, dans l'alcool, avec leurs germes à divers degrés de développement, et de jeunes sujets en vie de ce *Cr. suchus,* ainsi que de ses deux congénères, le *Cr. vulgaris* et le *Cr. marginatus.*

Des Varans et des Caméléons dans l'alcool et vivants.

Toute espèce de petits Sauriens ou Ophidiens, et tous les Batraciens anoures, indistinctement, dans l'eau-de-vie.

Le *Python sebæ* et le *Python regius*, reconnaissables, l'un à la large raie jaune qui orne le dessus de sa queue, l'autre à la bande blanche qui s'étend sur le premier tiers de son dos : des sujets de moyenne taille, et des peaux d'adultes avec leur crâne, dans l'alcool; des individus vivants, s'il est possible.

Le *Lepidosiren annectens*, animal encore peu connu, et sur lequel les naturalistes ne sont pas d'accord relativement à la place qu'il doit occuper dans la série des vertébrés; il possède des branchies internes et un organe en forme de double sac celluleux, qui est considéré comme des poumons par les uns, comme une vessie natatoire par les autres; suivant la première assertion, ce serait un batracien perennibranche; suivant la seconde, il appartiendrait à la classe des poissons cartilagineux. Extérieurement, il a l'apparence d'une anguille qui serait revêtue de très-grandes écailles, qui aurait deux appendices filiformes au lieu de nageoires pectorales, et, chose remarquable, l'orifice anal situé, non au milieu, mais sur l'un des côtés de la ligne médiane du dessous du corps. On demande plusieurs individus de cette espèce, conservés dans l'eau-de-vie.

Guinée, Congo, Sierra-Leone. — Indépendamment des espèces de Reptiles mentionnées à l'article *Sénégal,* on désirerait le *Chamæleo tricornis,* et le *Crocodilus leptorhincus.*

Cap de Bonne-Espérance. — L'*Eijervreter* (mangeur d'œufs) des colons hollandais (*Coluber scaber,* Linn.), qu'on prend quelquefois dans les poulaillers et les colombiers, où il vient dérober les œufs, qui sont sa nourriture ordinaire. Le *Python natalensis*, espèce récemment découverte à Port-Natal, par le docteur Smith; de jeunes sujets entiers et des peaux d'adultes, dans l'eau-de-vie.

Madagascar.—A l'exception de la Tortue radiée, qu'on reçoit assez souvent en France, tout ce qu'on pourra recueillir en Reptiles offrira un véritable intérêt.

Iles Comores et Aldabra.—De grosses Tortues noires (*Testudo elephantina*) vivantes.

Seychelles.—Toutes les espèces qu'on y rencontrera.

Indes orientales. — La Tortue de Perrault, espèce de grande taille, toute noire, à carapace oblongue, relevée au-dessus du cou, et à queue plus allongée que chez la plupart de ses congénères. (Nous n'en n'avons que le squelette.)

Les Tortues molles ou Trionyx.

Le Gavial et les Crocodiles des bouches du Gange, vivants.

Des Eryx vivants.

Des Varans vivants.

Toute espèce de Serpents d'eau douce et de Batraciens, dans l'alcool.

Grand archipel d'Asie.—Les Reptiles de Sumatra, de Java et de Bornéo; ceux des Moluques, et notamment les Serpents de mer.

Le Crocodile de Timor.

Chine, Japon. — Toutes les espèces de Reptiles qu'on pourra se procurer, et particulièrement des Pythons, la grande Salamandre (vivante, s'il est possible), la Chélonée à cuir ou Tortue-luth, et les Serpents de mer, très-communs sur les côtes de ces deux empires.

Amérique du Nord.—Testudo polyphemus ou Gopher.

Cistudo Blandingii, Holbrook.

Emys rubriventris, Leconte.

Emys floridana, Leconte.

Emys mobilensis, Holbrook.

Emys insculpta, Leconte.

Emys oregoniensis, Harlan.

Emys hieroglyphica, Holbrook.

Emys cumberlandensis, Holbrook.

Emys concinna, Leconte.

Emys Troostii, Holbrook.

Emysaura serpentina, Dum. Bib. (de grands individus).

Chlonura Temminckii, Holbrook (des jeunes et des adultes).

Trionyx muticus (de grands individus).

Trionyx spiniferus (de grands individus).

Autant que possible, quelques exemplaires vivants de chacune de ces espèces, aussi bien que de tous les autres Chéloniens : ces Reptiles, dont on mange la chair, abondent sur les marchés aux États-Unis.

Rana mugiens ou Bull-frog; des sujets vivants.

Toutes les petites espèces de Lézards et de Serpents, et tous les Batraciens urodèles, à branchies persistantes.

Les Serpents à sonnettes des parties méridionales, qui diffèrent de ceux des contrées septentrionales (dans l'eau-de-vie).

Nous ne possédons rien ou presque rien en Reptiles de la Nouvelle-Californie, de Californie, du Yucatan et du Guatemala : on pourrait nous en envoyer des *Boas*, le *Basilic à crête* et l'*Hélodermе horrible*, grand Lézard à écailles tuberculiformes.

Antilles. —Cuba nourrit une quantité prodigieuse de Reptiles, qui nous sont presque tous inconnus.

Le Muséum ne possède que quelques espèces de cette classe de vertébrés, originaires de la Jamaïque.

De Saint-Domingue, nous désirerions, conservé dans l'alcool, l'Aloponote de Ricord, Saurien voisin des Iguanes, mais qui n'a ni fanon sous le cou, ni écailles sur les parties supérieures du corps, dont la peau ressemble à celle de certains Squales.

De Sainte-Lucie, le Boa vulgairement appelé dans cette île *Tête de chien, Crocs de chien.*

Cayenne et Guyane. — Des Caïmans, des Iguanes, des Sauvegardes et des Boas vivants.

Toutes les petites espèces de Sauriens et d'Ophidiens qu'on pourra recueillir, et particulièrement des Amphisbènes, des Typhlops, des Rainettes, des Cératophrys ou Grenouilles cornues, des Cécilies, des Pipas mâles et les femelles, avec leurs œufs sur le dos, à divers degrés de développement.

La *Lepidosiren paradoxa.*

Brésil.—Les mêmes objets que ceux que nous demandons de Cayenne.

Terre-Ferme, bouches de l'Orénoque. — Les Tortues et les Caïmans de l'Orénoque; leurs œufs, et des jeunes, dans l'eau-de-vie.

Toutes les espèces de Reptiles de la Colombie, et particulièrement les Boas.

Chili et Pérou.—Le Muséum possède déjà un certain nombre de Reptiles du Chili, mais il n'en a que fort peu du Pérou.

On demande toutes les espèces qu'on pourra recueillir dans ce dernier pays, entre autres des Boas, les Poissons des lacs Titicaca et Chucuito, et en général tous les Poissons de mer et d'eau douce de cette contrée.

Le Capitan de Santa Fe Bogota et le Capitan des volcans de Quito.

Le Mauclin de Molina.

Le Prennadilla (*Pimeladus cyclopum*).

Le Céphaloptère.

Brésil. — Du nord du Brésil, les Poissons de la rivière des Amazones, et surtout de jeunes sujets, dans l'eau de vie, d'une très-grande espèce, dont la langue osseuse, et garnie d'aspérités, sert de râpe aux naturels du pays. M. Vandelli de Lisbonne l'a décrite et figurée sous le nom d'*Osteoglassum*.

Du sud du Brésil, les Poissons du Rio de la Plata.

Océanie. — Les récoltes erpetologiques faites à la Nouvelle-Guinée, à la Nouvelle-Hollande, à la Nouvelle-Zélande et dans la Polynésie, seront toutes on ne peut plus précieuses pour le Muséum.

Oiseaux et mammifères. — L'étude de la zoologie au Muséum d'histoire naturelle ne se borne pas à l'observation des formes des animaux, à la description de leurs organes : elle a pour objet encore d'examiner leurs habitudes, leur développement, leur instinct, et de chercher s'ils peuvent être de quelque utilité. Anciennement, on ne pouvait s'instruire sur ces objets essentiels que par les relations des voyageurs. Les établissements formés à grands frais par des princes ou de riches amateurs, pour réunir et soigner quelques animaux rares, étaient plutôt un objet de luxe ou de curiosité qu'un objet d'étude. Mais depuis que nous avons une ménagerie au Muséum, une nouvelle carrière d'observations s'est ouverte aux naturalistes. C'est là qu'on peut suivre les animaux dans tous les degrés de leurs développements, et comparer leur manière d'être pendant la vie, avec leur organisation que l'anatomie fait connaître après leur mort; acquérir des connaissances positives sur les phénomènes si importants de l'accouplement, de la gestation, de la naissance; distinguer les variétés qui tiennent à l'âge de celles qui sont produites par le climat, par la nourriture, par le croisement des races, et déterminer avec certitude la différence qui existe réellement entre les espèces. Si ces animaux sont de nature à rendre des services à l'économie domestique ou à l'agriculture, et qu'ils se reproduisent, on a les moyens de les élever, de les former à la domesticité, et de se procurer ainsi de nouvelles ressources. La Vigogne, le Lama, l'Alpaca, le Tapir, le Kanguroo, le Casoar, et beaucoup d'autres, seront peut-être un jour très-utiles.

Considérés sous le rapport de la science, il est peu d'animaux étrangers à l'Europe qu'il ne nous fût très-utile d'étudier. L'histoire de la plupart d'entre eux est encore très-incomplète. Celle même du Lion n'est bien connue que depuis que la Lionne de la ménagerie a fait des petits : c'est aussi depuis que deux Eléphants sont morts à la ménagerie du Muséum, qu'on a acquis une connaissance exacte de l'anatomie de ce grand quadrupède.

On ne saurait donc trop recommander aux voyageurs qui se trouveront à portée de se procurer des animaux vivants, de ne rien négliger pour les faire arriver chez nous.

Les petits quadrupèdes, principalement ceux qui fouissent et qui se cachent dans les terriers, sont les moins connus. Les Chauve-souris le sont moins encore, et ne méritent pas à un moindre degré l'attention et les soins des voyageurs.

On se procurera facilement des animaux en s'adressant aux naturels du pays, qui savent où ils se trouvent, et qui, dans leurs courses, ont occasion d'en rencontrer. Ils pourront les prendre au piége et les amener vivants. Il ne leur sera pas difficile non plus de prendre, dans leur première jeunesse, quelques-uns des quadrupèdes dont ils connaissent la retraite, et des oiseaux dont ils ont vu les nids.

Plus les animaux seront jeunes, plus il sera facile de les accoutumer à vivre renfermés dans des cages. Ils exigeront d'abord des soins particuliers : il faudra toujours les nourrir quelques semaines à terre avant de les embarquer, et l'on ne saurait se donner trop de peine pour les apprivoiser. Un animal qui n'est point effrayé à la vue de ceux qui le soignent, se porte toujours beaucoup mieux, et résiste davantage aux fatigues d'un voyage de mer, que celui qui est resté sauvage, et il n'est presque aucun animal qu'on ne parvienne à adoucir par de bons traitements.

Un excès de nourriture, lorsqu'ils sont renfermés et hors d'état de faire de l'exercice, leur serait très-nuisible. Le plus sûr moyen de les conserver, est de ne leur donner que strictement ce qu'il leur faut.

Après une nourriture convenable, ce qui leur est le plus nécessaire, c'est la propreté. On trouvera souvent, sur le navire, quelqu'un qui se chargera de les soigner, soit pour une faible récompense, soit parce que c'est un objet d'amusement. Il sera très-essentiel de prendre des précautions pour que ces animaux ne soient jamais agacés et irrités par les passagers.

Toutefois, comme il y a toujours des difficultés dans le transport des animaux vivants, il est une récolte plus facile, et dont les résultats sont plus étendus : c'est celle des dépouilles des animaux morts.

On se procurera des quadrupèdes, soit en envoyant des chasseurs dans l'intérieur des terres, soit en s'adressant aux naturels du pays.

Ils se contenteront d'apporter la peau, la tête osseuse et les pieds des grands animaux qu'ils auront tués dans un lieu trop éloigné pour qu'il leur soit possible de les conserver et de les transporter entiers.

Les mammifères d'une assez petite taille pour être renfermés dans un bocal ou dans un baril, doivent être mis dans une liqueur spiritueuse. Ceux qui sont trop grands pour qu'on puisse les conserver ainsi, seront écorchés, et l'on aura soin d'envoyer, avec la peau, les pieds et la tête, dont on aura ôté la cervelle, ou, si cela ne se peut, on enverra du moins les mâchoires. En préparant la tête, on évitera d'endommager le crâne. On peut avec du soin extraire la cervelle sans augmenter le trou occipital.

Nous parlerons plus bas des procédés qu'il faut employer et des précautions qu'il faut prendre pour la conservation des peaux, et pour celle des animaux mis dans une liqueur spiritueuse.

Lorsqu'on pourra joindre le squelette de l'animal à la peau, on rendra un grand service à la science. MM. les officiers pourront charger de ce soin les chirurgiens des bâtiments, pour qui cette opération sera très-facile.

Il n'est pas nécessaire que les squelettes soient montés. Après avoir fait bouillir les os, et les avoir bien décharnés et bien fait sécher, on mettra tous ceux du même animal dans un sac de toile avec de la mousse, de l'algue, des rognures de papier, ou toute autre matière molle et sèche, pour qu'ils ne se froissent pas les uns contre les autres. On enveloppera de papier ceux qui sont très-fragiles, et l'on aura soin de n'en perdre aucun.

Les chasseurs devront avoir soin de proportionner le plomb à la grosseur des oiseaux, pour ne pas les endommager. Dès que l'on a tué un oiseau, il faut essuyer le sang le mieux qu'on le peut, et placer un peu de coton dans le bec et dans les narines de l'oiseau, pour que le sang qui en sortirait n'endommage pas les plumes, surtout celles de la tête. S'il y a eu du sang répandu sur les plumes, on mettra dessus de la poussière qu'on renouvellera jusqu'à ce qu'elles soient sèches. Si elles étaient encore tachées, il ne faut pas craindre de les laver avec de l'eau : on les laissera sécher ensuite, et on leur rendra leur éclat en les frottant légèrement entre les doigts. Après que l'oiseau est refroidi, et que le sang s'est coagulé, on le prend par les pattes et la queue, pour le placer dans un cornet de papier; et l'on arrange ces cornets dans une boite, de manière que les plumes ne se froissent point.

Les oiseaux seront écorchés comme les quadrupèdes, et l'on aura soin de conserver avec les mêmes précautions les pieds et la tête. Les oiseaux doivent être écorchés plus promptement que les quadrupèdes, parce que, dès que la putréfaction commence, les plumes se détachent. En fendant la peau sur le ventre pour les écorcher, il faudra prendre soin de bien écarter les plumes, pour qu'elles ne soient pas endommagées. On mettra toujours sur la peau du plâtre ou de la poussière, pour bien absorber les sérosités. On laissera avec la peau l'os du coccyx; sans cela les plumes de la queue risqueraient de se détacher. Il en sera de même des os des extrémités des ailes. Si l'oiseau avait une crête charnue, il faudrait en conserver la tête dans l'eau-de-vie. Lorsqu'on aura plusieurs individus de la même espèce, il sera toujours utile d'en envoyer un dans cette liqueur.

Il est à désirer qu'on puisse se procurer en même temps le mâle et la femelle, et des individus de la même espèce, les uns plus jeunes, les autres plus âgés, les oiseaux différant beaucoup selon l'âge. Il sera très-utile d'avoir aussi les œufs et les nids. Pour conserver les œufs, on fait un petit trou aux deux extrémités, on les vide et on les emballe dans du son ou dans de la poussière bien tassée. On aura soin d'indiquer, par des numéros correspondants à ceux que porte la peau, quelle espèce les a pondus. Sans cela, ces sortes de collections sont inutiles. On prendra la même précaution pour les nids, qui doivent toujours être emballés dans une autre boîte que celle où sont les œufs.

On enverra, quand cela sera possible, le squelette des oiseaux trop grands pour qu'on puisse les mettre dans la liqueur.

Il est inutile d'empailler les oiseaux. Ils occuperaient trop de place; et cette opération, qui ne peut être bien faite que par des personnes exercées, le sera mieux lorsqu'ils seront arrivés au lieu de leur destination. Il suffit que les peaux soient bien préparées et bien conservées.

Après avoir indiqué d'une manière générale ce qui peut enrichir nos collections, nous croyons devoir désigner spécialement les animaux dont l'existence nous est connue, qui manquent au Muséum, ou n'y sont pas en bon état, et que nous désirerions nous procurer.

Russie et Sibérie, pays du nord. — La Rytine ou Stellère, qui se tient dans la partie septentrionale de la mer Pacifique, et dont on ne possède pas même un sujet.

L'Enhydre ou Loutre du Kamtschatka.

Les différentes espèces de Renards, avec les crânes et les squelettes.

Les Chats et Lynx du nord.

Le Chevreuil de Tartarie (*Cervus pygargus* Pall.).

Le Saïga (*Antilope saïga* Pall.).

Les différens Lagomis décrits par Pallas.

Le Lapin de Sibérie.

Le vrai Campagnol économe.

Les Phoques et les Poissons de la mer Caspienne et du lac Baïcal.

L'Argali, mâle et femelle.

Le Mouflon à grandes cornes du Caucase.

Les races, bien caractérisées, de Chiens domestiques, et notamment une race, du midi de la Russie, qui ressemble beaucoup au Chacal.

Sénégal. — L'Eléphant mâle et femelle, en peau et en squelette.

Les viscères de l'Hippopotame.

Le squelette du Sanglier d'Éthiopie, et ses viscères.

La peau et le squelette des différentes espèces de Gazelles, et notamment de celles qui ont les cornes recourbées en avant.

Le Pangolin ou Fourmillier écailleux, conservé dans l'eau-de-vie.

De petites Autruches nouvellement écloses, dans l'eau-de-vie, et des œufs ayant subi un commencement d'incubation.

Le Lamantin ou Bœuf marin, son squelette et ses viscères.

La grande Panthère à larges yeux.

Les différentes Gerboises.

Toutes les Chauve-souris.

Guinée, Congo, Sierra-Leone. — Les mêmes espèces.

Le Troglodyte, Chimpanzé ou Pongo de Buffon.

Les Colobes ou Singes sans pouce.

Nord de l'Afrique. — Le Macroscélide, vulgairement Rat à trompe.

Le Fennec, Zerdo ou animal anonyme de Buffon.

L'Ours, s'il est vrai qu'il existe dans cette région.

Cap de Bonne-Espérance. — Toutes les espèces de Gazelles et Antilopes qu'on pourra se procurer, en peau et en squelette.

Le squelette du Sanglier à masque, qui a de gros tubercules de chaque côté du groin, et qui est représenté par Daniels, pl. 21; la peau du même Sanglier, propre à être empaillée, ses viscères, ceux de l'Hippopotame et du Rhinocéros à deux cornes.

L'Eléphant.

Un squelette de Girafe femelle.

Toutes les Chauve-souris.

L'Aonyx ou Loutre sans ongles, particulièrement le jeune âge.

Toutes les Gerboises ou Lièvres sauteurs.

Les diverses espèces de Macroscélides.

Des Rats-taupes, conservés dans l'alcool.

La peau et le squelette d'une espèce de mammifère carnassier, qui ressemble à une hyène, par la nature de son poil et la disposition de ses taches, et que M. Isidore Geoffroy a figuré (*Ann. du Muséum*, t. II) sous le nom de Protèle. Il faut choisir des individus adultes, et d'autres très-jeunes.

Madagascar. — L'Aye-aye, décrit par Sonnerat, s'il se peut en nombre et dans l'eau-de-vie.

Les Hérissons, Ericules et Tanrecs.

Les Indris.

Le Microcèbe de Madagascar (Rat de Madagascar de Buffon), conservé dans la liqueur.

Les Cheirogales, figurés par M. Geoffroy Saint-Hilaire (*Ann. du Muséum*), d'après les dessins de Commerson.

Les Galidies et autres carnassiers voisins des Mangoustes et des Martes.

Au reste, Madagascar est si peu connu, que presque tout ce qu'on pourra se procurer de l'intérieur de cette île sera probablement nouveau pour les naturalistes.

Pondichéry et toute l'Inde. — Les Singes à longs bras, appelés Gibbons, surtout les espèces du continent, en peau, en squelette, et dans l'eau-de-vie, s'il est possible. Un Orang-outang adulte, en peau et en squelette.

Le Gymnure de Raffles, qui manque entièrement au Muséum.

Le Porc-épic à queue en pinceau.

Le Rat-cacao.

Les Pangolins, dont il y a plusieurs espèces; on les connaît aussi sous le nom de Lézards écailleux.

Il serait à désirer qu'on pût se procurer du Thibet :

La Vache grognante à queue de cheval, qui serait l'une des plus belles acquisitions que nous pussions faire.

Le Loup du pays.

Les Chèvres à poils, donnant la laine de cachemire.

Les Gazelles.

Les Antilopes à quatre cornes.

Le Dsheren ou Chèvre jaune des Chinois.

Le Rhinocéros sans corne.

Enfin, les animaux carnassiers tachetés, confondus sous les noms de Léopard, de Panthère, etc.

Archipel de l'Inde et principalement les Moluques. — Le Douiong, Dugong ou Vache marine, en peau et en squelette, et, s'il est possible, ses viscères, ou du moins son estomac et son larynx dans l'eau-de-vie.

Des Phalangers ou Coëscoës, ou Couscous, dans l'eau-de-vie.

Les Loris et Nycticèbes, mais surtout le Tarsier, dans l'eau-de-vie.

Les Galéopithèques (Chats volants), et Ecureuils volants.

La Panthère et le Léopard de Java.

Le Kanguroo d'Aroe et autres petites espèces.

Des individus vivants du Coq et de la Poule à périoste noir.

Amérique du Nord. — Tous les mammifères qui ressemblent à notre taupe, conservés dans l'esprit-de-vin.

L'Ours gris des montagnes, adulte et très-jeune.

L'Empetra et toutes les Marmottes, surtout les petites espèces.

Les diverses espèces de Condylures.

Le Saccomys.

Les genres *Pseudostoma* et *Diplostoma* des naturalistes américains.

Le Porc-épic ursin.

Le Lemming de la baie d'Hudson.

Le Loup et tous les carnassiers de la même région.

L'Antilope des montagnes Rocheuses.

Le Bélier des montagnes ou Mouflon d'Amérique.

Les différents Renards.

L'Ovibos ou bœuf musqué, animal encore à peine connu en Europe.

Antilles. — On demande principalement les espèces de Capromys et les autres rongeurs.

Cayenne et Guyane. — Toutes les espèces du Fourmillier, en squelette et dans l'eau-de-vie.

Les Paresseux et particulièrement le grand Paresseux à deux doigts, en squelette et dans l'eau-de-vie.

Toutes les espèces de Cerfs et de Chevreuils, en peau et en squelette.

L'Alouate ou grand Singe hurleur, en squelette et dans l'eau-de-vie; plusieurs langues et larynx du même animal, dans l'eau-de-vie.

Des Échimys et Nélomys ou Rats épineux, en peau et en squelette.

Terre-Ferme et bouches de l'Orénoque. — Le Manati ou Lamantin du Rio-Apure et celui de l'Orénoque.

Le Puma des Andes.

Les différentes espèces de Singes, soit celles qui ont été décrites par M. de Humboldt, soit surtout celles qui ne l'ont pas été.

Les Moufettes.

Les Échimys et Nélomys.

Les Didelphes ou Sarigues, surtout les petites espèces, et autant que possible, des mères avec les petits.

Comme la Martinique et Cayenne ont des communications fréquentes avec les côtes de la Terre-Ferme et les bouches de l'Orénoque, il est important de connaître le nom de quelques animaux qui abondent dans ces régions, et qu'on se procurera en les demandant sous le nom qu'on leur donne dans le pays.

On peut demander à Porto-Cabello les Poissons du lac Valencia, et à Nueva-Barcelona, le Bava, espèce de Saurien aquatique, de deux à trois pieds de long, inconnue en Europe, et différente du Monitor; les Tatous et les Rats épineux.

Parmi les animaux qui arrivent vivants à la capitale de la Guyane espagnole, on désirerait surtout avoir les Singes caparo, le Capucin de l'Orénoque, la Viudita, le Cacajao ou Mono-rabon, l'Ouavapavi, le Manaviri et le Douroucouli ou Singe dormeur, connu aussi sous les noms de Cousi-Cousi, Cara-Arayada ou Mono-Tigre. On se procurera facilement la peau et les squelettes de ces singes, et l'on pourra en amener plusieurs de vivants.

Il serait encore à désirer qu'on eût la peau du Tigre noir de l'Esmeralda, comme aussi les peaux de différentes espèces de Chevreuil (*Venandos*), des Llanos de Cumana et de Barcelone.

Chili et Pérou. — Le Guanaco, l'Alpaca, la Vigogne, vivants, et s'il est possible, par paires.

Le Chlamyphore tronqué, figuré par M. Harlan (Lyc. de New-Yorck), connu dans les Cordilières de Chili sous le nom de *Pichiciago*.

Le Guaza-Pucu, ou grand Cerf d'Azzara, et autres Cerfs décrits par ce même voyageur.

Le Sarigue nain, et autres petites espèces, conservé dans l'esprit-de-vin.

DE L'ÉTIQUETAGE ET DE L'EMBALLAGE DES COLLECTIONS.

Il est à désirer que chacun des animaux qu'on enverra en peau, en squelette, ou dans l'eau-de-vie, soit accompagné d'une note qui indique avec précision :

Le pays où l'animal se trouve ;

La manière dont il se nourrit ;

Ses habitudes, si on les connait ;

Le nom qu'il porte dans le pays ;

S'il est utile ou nuisible ;

Les usages qu'on fait de sa peau, de sa chair, de sa graisse, etc.

Les opinions populaires ou superstitieuses dont il est le sujet parmi les naturels du pays ;

Son sexe et son âge, s'il est connu ;

La saison dans laquelle il a été pris.

Ces notes, écrites sur un cahier, auront chacune un numéro correspondant à celui qui restera attaché à l'objet auquel elles sont relatives.

Afin qu'à l'endroit où les objets et les notes seront d'abord déposés il n'y ait point de confusion, il sera bon que la personne qui se chargera de l'envoi vérifie tous les numéros, et les arrange de manière qu'ils forment une série, pour qu'on soit sûr, par exemple, que tel Papillon appartient à telle Chenille, tel Mollusque à telle coquille. Ces numéros peuvent être écrits sur du parchemin ou sur des plaques de plomb, qu'on attachera avec du fil solide, soit aux peaux renfermées dans des caisses, soit aux bocaux et aux barils qui contiendront des animaux. Il serait aisé d'avoir des numéros saillants ou formés avec un emporte-pièce sur des plaques de plomb; on serait alors assuré qu'il n'y aurait jamais d'incertitude sur les chiffres.

On peut se servir aussi de lames d'étain assez minces, sur lesquelles on grave les numéros avec une pointe d'acier, et ces lames d'étain gravées peuvent être attachées aux animaux qu'on mettra dans la liqueur.

On peut encore attacher aux objets conservés dans la liqueur, et à ceux qui sont dans les caisses et bien secs, une petite ficelle avec des nœuds. Ces nœuds forment deux séries séparées par un intervalle : la première série marque les dizaines, la seconde marque les unités; et par ce moyen on peut indiquer tel numéro que l'on veut. Nous savons même pas expérience que l'on peut simplement écrire le nom de l'objet à l'encre sur un petit morceau de parchemin attaché avec un fil; l'eau-de-vie ne l'altère point.

Nous avons maintenant à parler des moyens d'emballer les objets de zoologie, de manière qu'ils arrivent en France dans le meilleur état de conservation.

Les objets qu'on envoie sont ou des dépouilles d'animaux ou des animaux entiers conservés dans l'esprit-de-vin.

Les peaux d'animaux et les dépouilles des oiseaux seraient attaquées par les Dermestes et autres insectes analogues, et dans les pays chauds surtout, elles seraient bientôt endommagées, si on ne prenait des soins pour les garantir.

Le moyen le plus sûr est l'usage du préservatif arsénical, connu sous le nom de savon de Becœur.

C'est ce préservatif qu'on emploie au Muséum, et le succès en est assuré. Il serait très-avantageux de s'en servir, surtout pour les objets uniques ou précieux, et sur la conservation desquels on ne veut avoir aucune inquiétude. Il faut en bien enduire les peaux d'oiseaux, et surtout les pattes et le bec.

Il faut de même enduire toutes les parties nues des quadrupèdes, telles que le visage et les mains des Singes.

Chaque oiseau ou chaque quadrupède de petite ou de moyenne taille, ainsi préparé, et dans l'intérieur duquel on aura mis un peu de coton, non pour lui donner une forme, mais pour que les diverses parties de la peau ne se touchent pas, sera ensuite placé dans un sac ou enveloppe de papier bien fermé, et ces sacs seront rangés dans une caisse qu'on aura soin de bien goudronner pour que l'humidité n'y pénètre pas, et que l'air même ne puisse s'y introduire.

Les peaux des grands animaux, trop épaisses pour être conservées par l'emploi du préservatif arsénical, le seront très-bien par celui du sel. Lorsque l'animal vient d'être dépouillé, il faut étendre la peau, la couvrir soigneusement de sel en dedans et en dessus, et lorsqu'après quelques jours elle en est suffisamment saturée, la plier, l'épiderme en dedans, et la mettre dans une caisse ou simplement l'envelopper de toile, de paille ou de toute autre substance sèche, et la tenir, autant que possible, à l'abri de l'humidité.

Les moyens que nous indiquons ici sont simples, faciles, et n'exigent que très-peu de temps.

Venons maintenant aux moyens de conserver les animaux dans une liqueur spiritueuse.

Si ce sont des quadrupèdes, des oiseaux, des reptiles ou des poissons d'un volume un peu considérable, il faut envelopper chaque individu d'un linge qu'on fixe autour du corps avec du fil; si ce sont des animaux très-petits, comme des Souris, de petites Couleuvres, des Mollusques ou des Vers, il faut prendre un linge un peu grand; on place dessus un certain nombre de ces animaux, de manière qu'ils ne se touchent pas, puis on roule le linge sur lui-même pour en faire une poupée qu'on coud avec du fil, pour que rien ne se dérange; ensuite on place ces poupées à côté l'une de l'autre dans un baril qu'on a défoncé. Quand le baril est plein, de façon que les poupées n'aient pas de mouvement, on le referme, et on le remplit, par la bonde, d'eau-de-vie, de rhum, de tafia; en général, d'une liqueur spiritueuse forte; enfin on le goudronne avec soin pour que la liqueur ne puisse s'échapper. Cette méthode a deux avantages : 1° les animaux enveloppés et contenus par le linge ne peuvent se déchirer les uns les autres par les ongles ou par les épines dont ils sont armés; 2° ce linge étant imbibé d'alcool, si le baril venait à fuir, l'animal ne se trouverait pas à sec tout à coup; et lorsqu'on visiterait les barils, comme on doit le faire plusieurs fois dans une longue course, on serait à temps de remettre de l'alcool dans celui qui en aurait perdu.

La liqueur spiritueuse doit être de 16 à 22 degrés de l'aréomètre de Baumé; plus forte, elle détruit entièrement les couleurs des animaux; on ne l'emploie à 22 degrés que pour les Mammifères. Les eaux-de-vie de riz, de sucre, l'eau-de-vie de France, en un mot, toutes les liqueurs spiritueuses sont également bonnes. On préfère celles qui sont le moins colorées.

Avant d'envelopper les animaux vertébrés dans la toile, il faut faire une incision à la poitrine et à l'abdomen pour introduire de la liqueur dans l'intérieur du corps. Cette ouverture doit être très-petite, et pratiquée sur le côté, et non dans le milieu. Si les Mammifères sont un peu grands, il est à propos de faire entrer de l'alcool dans le canal intestinal, soit par la bouche, soit par l'anus.

Il convient de renouveler la liqueur après que l'animal y est resté quelque temps; cette précaution est absolument essentielle quand il y a plusieurs animaux dans le même baril : si on la négligeait, ils pourraient se corrompre.

Il est avantageux que les animaux soient rangés de manière à ne pas toucher le fond du baril, afin qu'ils ne s'affaissent point.

Nous avons exposé ce qui nous paraît le plus essentiel pour la récolte et la préparation des objets de zoologie. Ceux qui désireront des instructions plus détaillées, les trouveront dans l'article *Taxidermie* que M. Dufresne, chef des laboratoires de zoologie du Muséum, a inséré dans le tome XXI du *Dictionnaire d'Histoire naturelle*, imprimé chez Déterville en 1823, et dans un Mémoire de M. Péron, inséré dans le second volume du *Voyage aux terres australes*, page 373.

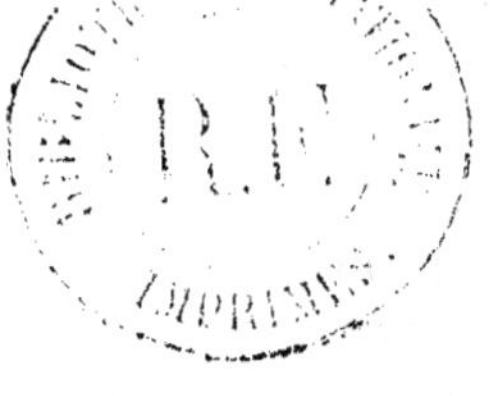

FIN.

Imprimerie d'A. SIROU, rue des Noyers, 37.

TABLE DES MATIÈRES.

PARIS. — IMP. D'A. SIROU, RUE DES NOYERS, 37.

www.ingramcontent.com/pod-product-compliance
Lightning Source LLC
LaVergne TN
LVHW020037170826
845678LV00001B/307

* 9 7 8 2 3 2 9 6 9 2 2 2 7 *